生生한 전자기기 패턴도&회로도

전자기기
기능사 실기

우상득 · 안재형 · 김충식 공저

Craftsman Electronic Apparatus

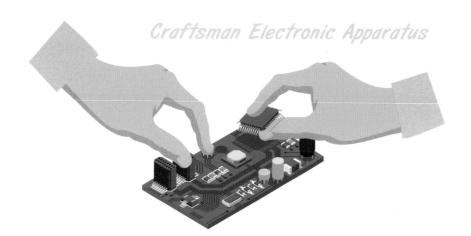

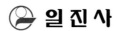 일진사

현재 특성화 고등학교는 2015 교육과정에 따라 현장 중심의 NCS(국가직무능력표준) 기반 교육과정을 운영하고 있다. NCS 기반 교육과정은 교육 현장은 물론, 산업계에서도 사내 교육 자료로 활용되고 있으며, 나아가 NCS 기반의 새로운 자격증이 도입되는 등 기존 자격증 체계가 변화되고 있다.

이렇듯 급변하는 교육과정에 맞추어 기업 현장 중심의 기술 적용력을 제고하기 위한 목표를 가지고 전자기기 기능사 실기 시험 대비 교재를 집필하였다.

이 책의 특징...

첫째, NCS에 따른 한국산업인력공단에 공개된 저중률 높은 회로도를 수록하였으며, 가장 최근의 기출문제를 교재에 반영하였다.

둘째, 실기 작업에 필요한 구성 요소, 회로도, 동작 원리, 패턴도 등 핵심 내용만 교재에 담고, 불필요한 이론을 제거하여 자격증 취득을 위한 내실을 기하였다.

셋째, 회로도 및 패턴도를 컬러로 인쇄하여 수험생들이 회로 소자를 쉽게 식별할 수 있도록 하였다.

단원별 집필 방향 및 내용 구성...

제1장, 전자기기 기능사 과제를 수행하기 전에 알아야 할 기본적인 전기·전자 기호와 기능 및 각종 소자의 구조와 성능, 전기·전자 회로 구성에 필요한 저항, 콘덴서 읽는 방법, 각 전자 부품의 특성 등을 수험생 스스로 학습할 수 있도록 구성하였다.

제2장, 실기 과제 중 함수 발진기의 신호를 오실로스코프를 활용하여 파형 측정하는 방법과 과제 제작 과정에서 고장 수리 및 동작 측정을 위한 회로시험기 사용법 등 계측기를 사용한 전자회로 측정법에 대해 학습할 수 있도록 구성하였다.

제3장, 출제 가능성이 높은 가장 최근의 기출 과제를 회로 설명도와 함께 수록함으로써 회로도 분석, 패턴도 작성, 납땜 작업 및 동작 검사 등을 익혀 전자기기 기능사 실기 시험에 합격할 수 있도록 구성하였다. 실기/실습 과제는

Logic IC Inside Arrangement 부분을 삽입하여 해당하는 회로의 배치도를 구성하는 데 도움이 되도록 하였으며, 완성된 배치도는 부품을 배치한 부분(부품면)과 이 부분의 납땜 및 배선면(납땜면)을 삽입하여 부품 배치와 납땜 실습을 용이하게 할 수 있도록 구성하였다.

제4장. 2019년도부터 배점 비율이 높아진 측정 부분에 대하여 최대한 쉽게 접근할 수 있도록 전자기기 기능사 측정 과제의 예시를 담아 구성하였다.

제5장. 전자기기 기능사를 취득하기 위해서 반드시 우수한 점수를 받아야 하는 단원으로, 회로 스케치 과제를 쉽게 학습할 수 있도록 출제된 과제를 최대한 반영하여 구성하였다.

본 교재로 학습하는 수험생들에게 많은 성과와 발전이 있기를 바라며, 한 가지 당부하고 싶은 것은 회로에 관련된 배치도를 수록하였으나 그것이 이상적인 배치도는 아님을 인식하고, 학습한 지식을 토대로 자신만의 배치도를 설계해보기를 바란다.

이 책을 발간하기까지 도움을 주신 선생님들과 도서출판 일진사 직원 여러분께 깊은 감사를 드리며, 함께 집필해 주신 전자과 선생님들께 다시 한번 감사의 마음을 전한다.

저자 일동

차 례

제1장 전자ㆍ전자 실기/실습 기초 지식

제2장 측정기 사용 방법

Contents

제3장 전자기기 기능사 기출 과제

제4장　전자기기 기능사 측정 과제

제5장　전자기기 기능사 회로 스케치 과제

직무 분야	전기·전자	중직무 분야	전자	자격 종목	전자기기 기능사	적용 기간	2015.1.1~ 2019.12.31

○ 직무내용 : 각종 전자기기를 분해, 조립, 조정, 수리하고 자동화 설비의 계측제어장치의 조작, 보수, 관리 등의 업무 수행

○ 수행준거
  1. 각종 회로의 기본이 되는 회로 스케치를 할 수 있다.
  2. 정류 특성이 좋은 직류 성분을 얻는 정류회로의 평활회로를 설계할 수 있다.
  3. IC 사용 정전압회로의 제작, 조정 및 전원회로의 부하 변동률, 맥동률 등을 측정할 수 있다.
  4. 트랜지스터, 저항, 콘덴서 등을 이용하여 증폭회로와 발진회로를 제작할 수 있다.
  5. OP 앰프를 제작할 수 있고, 각 점에 흐르는 전류와 전압 및 가상 접지에 대한 개념을 알 수 있다.
  6. 각종 부품과 측정기를 사용하여 펄스회로를 제작하고 회로의 특성을 측정할 수 있다.
  7. 각종 전자장치 등의 고장수리를 할 수 있다.
  8. 기타 아날로그 및 디지털회로를 이해하고 조립할 수 있다.

실기검정방법	작업형	시험시간	4시간 30분 정도

실기 과목명	주요항목	세부항목	세세항목
전자기기 및 음향영상 기기작업	1. 전자기기 (음향영상기기) 점검 및 수리	1. 고장요소 확인하기	(1) 해당 제품의 고장증상에 대해 청취하고, 실제제품의 상태를 확인할 수 있다. (2) 제품의 점검과 수리에 필요한 재료 및 부품을 확보할 수 있다. (3) 회로도 및 조립도를 기초로, 고장개소를 파악하기 위하여 점검 순서와 방법을 결정할 수 있다. (4) 회로 고장의 경우 파악된 고장 개소의 상태를 파악하기 위하여 측정기를 사용하여 측정할 수 있다. (5) 기구 고장의 경우 파손 및 동작 불량개소를 파악할 수 있다. (6) 점검 결과를 기초로 어느 정도의 작업시간과 비용이 소요되는지 판단할 수 있다.
		2. 분해 및 조립하기	(1) 작업지시서를 확인하고 분해 및 수리작업에 착수할 수 있다. (2) 해당 제품의 매뉴얼, 도면 등을 바탕으로 분해 및 조립작업을 실시할 수 있다. (3) 분해작업 수행 시 작업에 적합한 공간을 확보할 수 있다.

실기 과목명	주요항목	세부항목	세세항목
		3. 수리하기	(1) 현장에서 서비스 대상기기를 점검하고 문제점을 파악하여 고객에게 원인과 조치계획을 설명할 수 있다. (2) 기기수리 절차에 따라 해당기기의 정상적인 동작여부를 확인하고 기기성능을 측정하여 이상여부를 확인할 수 있다. (3) 서비스대상기기에 대한 점검결과에 따라 고장부품의 수리 또는 교체에 대한 예상 비용 및 시간을 설명할 수 있다. (4) 고장부품을 수리 또는 교체하고 해당기기의 시험절차에 따라 점검한 후 정상동작 여부를 확인할 수 있다. (5) 점검결과 현장 수리가 불가능한 경우 부품 준비 후 재방문, 기기이동수리, 기기교체 등의 처리방안과 수리기간 및 비용에 대해 고객에게 설명할 수 있다.
		4. 동작 확인하기	(1) 수리가 정상적으로 이루어졌는지 매뉴얼을 기초로 실제 가동을 통하여 동작 상태를 확인한다. (2) 수리가 불완전할 경우 점검 및 수리를 반복하여 완전히 동작하도록 한다. (3) 동작 확인과정에서 기구 및 회로의 파손을 최소화할 수 있다.
	2. 전자응용 기기 조립	1. PCB 조립하기	(1) PCB 제작 완료 후 BBT 검사를 수행하여 단선, 단락 등 불량률 저감활동을 수행할 수 있다.
		2. 보드 조립하기	(1) 작업지시서에 따라 조립할 수 있다. (2) 부품조립 시 발생된 문제사항 등을 개선에 반영할 수 있다.
		3. 테스트하기	(1) 육안검수를 시행하여 납땜 불량, 단선, 단락 등 불량을 찾아 수리할 수 있다. (2) 전원을 넣기 전에 전원 단락 검사를 하여 전원투입 시 전원단락에 인한 부품파괴, PCB 절연파괴 등을 미연에 방지할 수 있다. (3) 설계목표대로 정상동작 하는지 확인할 수 있다. (4) 비정상적인 동작이 확인될 경우 측정장비 등을 이용하여 수리할 수 있다. (5) 테스트 시 이상 동작과 불량 원인, 대처방안에 대하여 보고서를 작성할 수 있다.

실기 과목명	주요항목	세부항목	세세항목
		4. 수정 및 테스트 완료하기	(1) 설계내용의 변경사항이 발견될 경우 즉각 반영할 수 있다. (2) 정상적으로 조립이 완료되었으면 신뢰성, 호환성, 전자파(EMI, EMC 등) 인증에 필요한 테스트를 시행할 수 있다. (3) 인증절차에 따라 테스트와 수정작업을 수행할 수 있다.
	3. 제품검사	1. 외관 검사하기	(1) 제품의 외관적인 부적합 여부를 식별하기 위하여 검사기준서 내에 외관검사 항목을 작성할 수 있다. (2) 객관적으로 합·부를 판단하기 위하여 외관검사 한도 견본품을 만들고 지정된 공정에 비치할 수 있다. (3) 외관검사기준서 및 한도견본에 의거하여 외관검사를 실시할 수 있다. (4) 외관검사의 판정결과를 기초로 검사성적서를 작성할 수 있다. (5) 검사 결과에 의하여 합·부 판정 식별표기를 한 후 합격한 제품은 기능 및 성능 검사단계로 이동하고 불합격한 제품은 부적합품 보관장소로 이동할 수 있다.
		2. 기능 및 성능검사하기	(1) 제품표준서를 활용하여 기능·성능 검사 항목을 선정할 수 있다. (2) 검사기준서 상의 제품의 규격 및 검사 조건에 따라 적합한 시험과 검사 방법을 결정할 수 있다. (3) 검사기준서에 따라 제품의 기능 및 성능 검사를 수행할 수 있다. (4) 기능 및 성능검사의 판정결과를 기초로 검사성적서를 작성할 수 있다. (5) 검사 결과에 의하여 합·부 판정 식별표기를 한 후 합격한 제품은 안정성 검사 단계로 이동하고 불합격한 제품은 부적합품 보관장소로 이동할 수 있다.
		3. 안전성 검사하기	(1) 국내외 안전성 검사 표준규격에서 필요한 항목을 검토하여 안전성 검사항목을 선정할 수 있다. (2) 선정된 검사항목에 의거하여 검사항목, 기준, 방법을 포함한 안전성 기준서를 작성할 수 있다.

실기 과목명	주요항목	세부항목	세세항목
			(3) 작성된 안전성 기준서를 토대로 안전성 검사를 실시할 수 있다. (4) 검사 결과에 의하여 합·부 판정 식별표기를 한 후 합격한 제품은 포장단계로 이동하고 불합격한 제품은 부적합품 보관장소로 이동할 수 있다.
	4. 부품점검 및 교환	1. 고객제품 수리용 부품 재고관리하기	(1) 불량부품을 적시에 교환하기 위해 전자부품의 품목별 생산수량, 보유수량, 생산시기, 단종시기에 대한 자료를 수집할 수 있다. (2) 수집된 자료와 전자부품 교환이력을 분석하여 전자부품의 적정재고량을 파악할 수 있다. (3) 파악된 전자부품 적정재고량과 생산현황, 재고금액을 고려하여 수리용 전자부품의 재고를 최소화할 수 있도록 관리힐 수 있다.
		2. 불량부품 교환하기	(1) 고객이 제기한 전자부품의 문제점을 분석하기 위해 전자부품이 적용된 고객의 제품 및 부품의 시료를 수집할 수 있다. (2) 수집된 고객의 제품 및 전자부품에 대하여 유관부서의 검토를 진행하고 점검 의뢰한 전자부품의 상태가 불량 부품으로 인한 고장으로 결정되면 전자부품 교환에 필요한 부품 재고가 있는지 파악할 수 있다. (3) 수집된 고객이 제품 및 전자부품의 불량증상을 유관부서의 검토를 진행하고, 그 결과를 고객과의 협의를 통하여 부품교환을 해야 할 경우 교환수량, 교환일정을 결정할 수 있다. (4) 결정된 교환수량 및 일정을 준수하기 위하여 재고수량 및 생산일정을 파악하고 준비하여 불량부품 교환을 진행할 수 있다.
		3. 문제점 개선방안 수립하기	(1) 불량부품 교환이력을 근거로 전자부품별 교환수리내역을 분류하고 발생 빈도수가 많은 항목을 파악할 수 있다. (2) 파악한 내용을 기술 관련부서에 원인분석을 요청하여 업체별, 적용제품별, 시기별, 사용 환경별로 세부 분석을 진행할 수 있다. (3) 분석된 원인을 토대로 부품의 사용상 문제점 및 취약사항을 파악하고 이에 대한 개선방안을 수립할 수 있다.

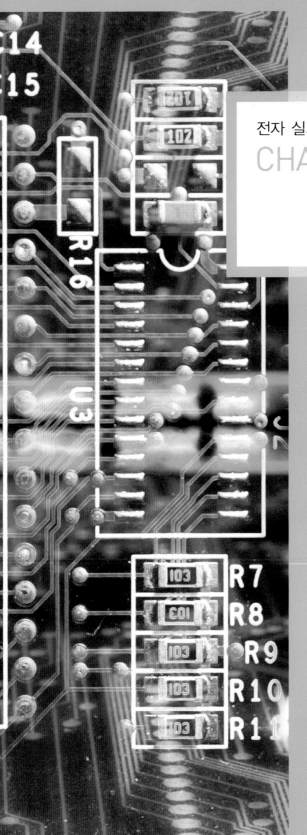

전자 실기 / 실습

CHAPTER

01

전기·전자 실기/실습 기초 지식

1 ● 그리스 문자 및 SI 접두어

(1) 그리스 문자

명 칭	소문자	대문자	명 칭	소문자	대문자
Alpha	α	A	Nu	ν	N
Beta	β	B	Xi	ξ	Ξ
Gamma	γ	Γ	Omicron	o	O
Delta	δ	Δ	Pi	π	Π
Epsilon	ε	E	Rho	ρ	P
Zeta	ζ	Z	Sigma	σ	Σ
Eta	η	H	Tau	τ	T
Theta	θ	Θ	Upsilon	υ	Y
Iota	ι	I	Phi	ϕ	Φ
Kappa	κ	K	Chi	χ	X
Lambda	λ	Λ	Psi	ψ	Ψ
Mu	μ	M	Omega	ω	Ω

(2) SI 접두어

접두어	기 호	배 수	접두어	기 호	배 수
exa	E	10^{18}	deci	d	10^{-1}
peta	P	10^{15}	centi	c	10^{-2}
tera	T	10^{12}	milli	m	10^{-3}
giga	G	10^{9}	micro	μ	10^{-6}
mega	M	10^{6}	nano	n	10^{-9}
kilo	k	10^{3}	pico	p	10^{-12}
hecto	h	10^{2}	femto	f	10^{-15}
deca	da	10^{1}	atto	a	10^{-18}

2 단위기호 및 명칭

구분	작은 값의 단위				기본 단위	큰 값의 단위			
	10^{-12}	10^{-9}	10^{-6}	10^{-3}		10^{3}	10^{6}	10^{9}	10^{12}
전압 (voltage)	pV	nV	μV	mV	V [volt]	kV	MV	–	–
전류 (electric current)	pA	nA	μA	mA	A [ampere]	kA	–	–	–
전기저항 (electric resistance)	–	–	–	mΩ	Ω [ohm]	kΩ	mΩ	–	–
정전용량 (electrostatic capacity)	pF	nF	μF	–	F [farad]	–	–	–	–
인덕턴스 (inductance)	–	–	–	mH	H [henry]	–	–	–	–
주기 (period)	ps	ns	μs	ms	s [second]	–	–	–	–
주파수 (frequency)	–	–	–	–	Hz [hertz]	kHz	mHz	GHz	THz
전력 (electric power)	–	–	–	mW	W [watt]	kW	MW	–	–
전력량 (electric power capacity)	–	–	–	–	Wh [watt hour]	kWh	–	–	–
피상전력 (apparent power)	–	–	–	–	VA [volt ampere]	kVA	–	–	–
무효전력 (reactive power)	–	–	–	–	Var [volt ampere reactive]	kVar	–	–	–
자속 (magnetic flux)	–	–	–	–	Wb [weber]	–	–	–	–
광속 (luminous flux)	–	–	–	–	lm [lumen]	–	–	–	–
광도 (intensity of light)	–	–	–	–	cd [candela]	–	–	–	–
조도 (intensity of illumination)	–	–	–	–	lx [lux]	–	–	–	–
압력 (pressure)	–	–	–	–	Pa [pascal]	kPa	MPa	GPa	–
열량 (calorific value)	–	–	–	–	cal [calori]	kcal	–	–	–
저항률 (resistivity)	–	–	$\mu\,\Omega$·m	–	Ω·m [ohm per meter]	–	–	–	–
전도율 (conductivity)	–	–	–	–	Ω·m [mho per meter]	–	–	–	–

3 ● 전기 및 전자 기호와 기능

(1) 전류

명 칭	기 호	비 고
직류(DC) (direct current)	≡	Ⓐ 직류 전류계 Ⓖ 직류 발전기
교류(AC) (alternate current)	∿	Ⓐ∿ 교류 전류계 Ⓖ∿ 교류 발전기
고주파(RF) (radio frequency)	(a) (b)	(a) 음성 주파 (b) 변조 주파 또는 반송파

(2) 도선 및 접속

명 칭	기 호	비 고
도선	———	• 전선 및 모선 등에 사용 • 도체의 가닥 수를 명시 가능 • 필요에 따라 굵기 구별
단자	●(a) ○(b)	힌지형 가동접점을 이 단자 위에 나타낼 경우 힌지쪽 단자는 (a)로, 다른 것은 (b)로 표시
도선의 분기	┤├	한 도선의 접속점으로부터 다른 쪽으로 도선이 연결되어 나가는 경우
도선의 접속	┼	두 선이 서로 교차하여 전기적으로 연결될 경우
도선의 교차	┼	두 도선이 전기적으로 접속되지 않고 교차할 경우
접지	(a) (b)	(a) 케이스 접지 (b) 어스(earth) 접지

(3) 가변 및 연동

명 칭	기 호	비 고
가변		어떤 값이 연속적으로 변화하여 조정이 계속 필요한 경우
프리세트 (preset)		• 한번 조정하여 값을 바꾸지 않는 경우 • 반고정 표시

스텝가변
(step variable)
	
	(a) (b)
		• 가변되는 변화가 연속이 아니라 계단식으로 값이 변화하는 경우
		  (a) 스텝가변
		  (b) 프리세트 스텝가변
		• 스텝 수를 명시할 경우

연동 (synchronize)	---------- ====== (a) (b)	어느 한쪽을 조정할 때 이와 관련된 다른 한쪽도 같이 연동되어 두 곳의 변화가 동시에 일어나는 경우

(4) 수동 소자

명 칭	기 호	비 고
저항(R) (resistor)	 (a) (b)	(a) 유도 저항 (b) 무유도 저항
가변저항(VR) (variable resistor)		저항값의 연속적 변화
반고정 저항 (semi-VR)		저항값의 연속적 변화(조정 또는 세팅)
인덕턴스 (inductance)	 (a) (b) (c)	(a) 공심인 경우 (b) 철심이 들어 있는 경우 (c) 압분 철심이 들어 있는 경우

명 칭	기 호	비 고
가변 인덕턴스 (variable inductance)	(a) (b) (c)	(a) 공심인 경우 (b) 철심이 들어 있는 경우 (c) 압분 철심이 들어 있는 경우
상호 인덕턴스 (mutual inductance)	(a) (c) (b) (d)	(a) 공심인 경우 (b) 철심이 들어 있는 경우 (c) 변압기를 나타내는 경우 (d) 차폐의 필요가 있는 경우
가변 상호 인덕턴스		상호 인덕턴스의 L값을 가변할 수 있음
콘덴서(C) (condenser)	(a) (b)	(a) 양극의 간격은 극의 길이의 1/5~1/3 (b) 전극을 구별할 경우 　　원호 전극은 낮은 전위를 표시
전해 콘덴서 (무극성) (electrolysis C)		전해 콘덴서로 극성이 없는 경우
전해 콘덴서 (유극성) 탄탈 콘덴서 (tantalum C)		• 전해 콘덴서로 극성이 있는 경우 • 탄탈 콘덴서도 같이 표시
가변 콘덴서(VC) (variable condenser)		• 연속적으로 용량을 변화시키는 콘덴서 • 동조회로 등에 사용
반고정 콘덴서		• 트리머 콘덴서(trimmer condenser) • 미세한 조정이 필요한 곳에 사용
임피던스 (impedance)	$\boxed{Z}$	• 교류 회로에서 전류가 흐르기 어려운 정도 • 복소수로서 실수 부분은 저항(R), 허수 부분 　은 리액턴스(L, C)를 의미
가변 임피던스 (variable impedance)	$\boxed{Z}$	고정 임피던스와 달리 필요에 따라 임피던스 의 가변 가능

(5) 전원 및 장치

명 칭	기 호	비 고
(a) 전압원 (b) 전류원	독립 전압원 v_s ⊕⊖　i_s ↑ 독립 전류원 (a)　　(b)	• 전압 또는 전류를 공급 • 이상적인 전압원은 내부 임피던스가 없는 발전기 • 이상적인 전류원은 내부 어드미턴스가 없음
전 지 (dry cell)	(a) ─┤├─ (b) ─┤■├─ (c) ─┤├├├├─ (d) ─┤├──↗	(a) 극성 : 긴 선을 +, 짧은 선을 − (b) 혼돈하기 쉬운 경우 (c) 다수를 연결할 경우 (d) 가변 전압일 경우
교류전원	◯∿	상수, 주파수 및 전압 표시 3~60 Hz, 220 V
정류기 (rectifier)	──▶├──	화살표는 전류의 방향
전원 플러그 (plug)	⊃├　├⊂ (a)　　(b)	(a) 단상 플러그 (b) 삼상 플러그
차 폐 (shield)	-------	전자회로에서 방사되는 EMI 등의 전자파 방사를 차단하는데 사용 ┌──┐　┌──┐
개폐기	(a)　　(b)	(a) 단극 스위치(1P) (b) 2극 스위치(2P)
수동접점 (manual contact)	(a)　　(b)	손으로 넣고 끊는 것 ⓐ접점 : make 접점, normal open(NO) ⓑ접점 : brake 접점, normal close(NC)
수동조작 자동복귀 접점	(a)　　(b)	손을 떼면 복귀하는 접점 (누름형과 당김형이 있음) ⓐ접점 : make 접점, normal open(NO) ⓑ접점 : brake 접점, normal close(NC)
계전기 접점 보조개폐기 접점	(a)　　(b)	ⓐ접점 : make 접점, normal open(NO) ⓑ접점 : brake 접점, normal close(NC)
한시계전기 접점	(a)　(b)　(c)　(d)	(a) 한시 ⓐ접점 (b) 한시복귀 ⓐ접점 (c) 한시 ⓑ접점 (d) 한시복귀 ⓑ접점

명 칭	기 호	비 고
회전개폐기		로터리(rotary) 스위치
퓨즈 (fuse)	(a) (b) (c)	(a) 개방 퓨즈 (b) 포장 퓨즈 (c) 경보 퓨즈

램 프
(lamp)
	(a) ⊗
	
	RL
	(b) ○ ○
		• (a)의 색 명시는 컬러 코드로 한다.
		  C_2 – 적, C_3 – 황적, C_4 – 황
		  C_5 – 녹, C_6 – 청, C_9 – 백
		• (a)의 종류는 옆에 기호로 표시한다.
		  Ne – 네온, El – 일렉트로 루미네선스, Xe – 크세논
		  Na – 나트륨, ARC – 아크, Hg – 수은, FL – 형광
		  IR – 적외, IN – 백열, UV – 자외
		• (b)의 색 구별은 약어를 사용한다.
		  RL – 적색, OL – 황색, YL – 황색, GL – 녹색
		  BL – 청색, WL – 백색, TL – 투명

피뢰기 (lightning conductor)		전력 계통에 발생 또는 유도된 이상 전압의 파곳 값을 저감시키기 위해 에너지의 일부 또는 전부를 방전
방전 캡 (discharge cap)		역방향 전압이 일정 전압(V_z) 이상이 되면 항복을 일으켜 전류가 대폭 증가하는 것
안테나 (antenna)	(a) (b)	(a) 일반 안테나 (b) 루프 안테나
스피커 (speaker)	(a) (b)	(a) 일반 스피커 (b) 다이내믹 스피커
수화기 (헤드폰) (headphone)	(a) (b)	(a) 수화기 기호 (b) 헤드폰
2선 잭 3선 잭	(a) (b)	(a) 2선 잭 (b) 3선 잭(스테레오 잭)
일반 잭		
계전기 코일 (relay coil)	(a) (b)	• 단권 선 • 복권 선

(6) 반도체 소자

명 칭	약 호	기 호	비 고
다이오드 (diode)	D	A ○—▷|—○ K	• 극성 : A-anode, K-cathode • 용도 : 정류 및 검파
가변용량 다이오드 (varator)	VD		• 극성 : A-anode, K-cathode • 용도 : 동조
제너 다이오드 (zener diode)	ZD		• 극성 : A-anode, K-cathode • 용도 : 정전압 • 정전압 다이오드
터널 다이오드 (tunnel diode, esaki diode)	TD/ED		• 극성 : A-anode, K-cathode • 용도 : 마이크로파 발진 • 에사키 다이오드(esaki diode)
발광 다이오드 (light emission diode)	LED		• 극성 : A-anode, K-cathode • 용도 : 표시기
포토 다이오드 (photo diode)	PD		• 극성 : A anode, K cathode • 용도 : 광 검출, 광 스위치
브리지 다이오드 (bridge diode)	DB		• 용도 : 다이오드 4개를 브리지 접속하여 전파 정류를 할 수 있도록 한 소자
트랜지스터 (transistor)	TR	NPN ○C PNP ○C B B ○E ○E	• 극성 : B-base, C-collector E-emitter • 용도 : 증폭, 발진, 변조, 스위칭
포토트랜지스터 (photo transistor)	photo TR	○C ○E	• 용도 : 광 검출, 광 스위치
단접합 트랜지스터 (uni-junction transistor)	UJT	○B_2 E ○ ○B_1	• 극성 : B_1-base1, B_2-base2 E-emitter • 용도 : 발진
접합형 전계효과 트랜지스터(junc tion-field effect TR)	J-FET	N-ch ○D P-ch ○D G ○ G ○ ○S ○S	• 극성 : G-gate, D-drain S-source • 용도 : 증폭, 발진, 변조, 스위칭

명 칭	약 호	기 호	비 고
MOS형 전계효과 트랜지스터 (MOS-field effect TR)	MOS-FET	N-ch, P-ch (MOSFET 기호) G_1, G_2, D, S	• 극성 : G_1-gate1, D-drain, S-source, G_2-gate2 • 용도 : 증폭, 발진, 변조, 스위칭
실리콘 제어 정류기 (silicon controlled rectifire)	SCR	A, K, G (SCR 기호)	• 극성 : G-gate, A-anode, K-cathode • 용도 : 단방향성 전력 제어 소자
다이액 (diode AC switch)	DIAC	T_2, T_1 (DIAC 기호)	• 용도 : 트리거 소자(쌍방향)
트라이액 (triode AC switch)	TRIAC	T_2, T_1, G (TRIAC 기호)	• 극성 : G-gate, T_1, T_2 • 용도 : 쌍방향성 전력 제어 소자
포토 SCR (light active SCR)	LA-SCR	A, K, G (LA-SCR 기호)	• 극성 : G-gate, A-anode, C-cathode • 용도 : 단방향성 전력 제어 소자
실리콘 대칭 스위치 (silicon bilaterial switch)	SBS	T_1, T_2, G (SBS 기호)	• 극성 : G-gate, T_1, T_2 • 용도 : 트리거 소자(쌍방향)
프로그래머블 단접합 트랜지스터 (programmable UJT)	PUT	A, G, K (PUT 기호)	• 극성 : G-gate, A-anode, K-cathode • 용도 : 트리거 소자
직열형 서미스터	Th	Th (서미스터 기호)	온도 변화에 따라 저항값이 변화하는 소자
방열형 서미스터		(서미스터 기호)	※ 온도가 올라가면 저항값이 작아진다.
배리스터 (varistor)	VR	VR (a) (b) (배리스터 기호)	(a) 대칭형 (b) 비대칭형 전압 변화에 따라 저항값이 변화하는 소자
광도전셀 (photo conductive cell)	CdS	(광도전셀 기호)	빛에 의해 저항값이 변화하는 소자

(7) 논리 소자

명 칭	기 호	비 고	명 칭	기 호	비 고
AND	A○─┐ B○─┘ Y	논리곱 회로	NAND	A○─┐ B○─┘ ○Y	논리곱 부정 회로
OR	A○ B○ Y	논리합 회로	NOR	A○ B○ ○Y	논리합 부정 회로
buffer	○─▷─○	버 퍼	NOT	A○─▷○─○X	부정 (인버터) 회로
exclusive OR (XOR) (EX−OR)	A○ B○ Y	배타적 논리합 회로	exclusive NOR (XNOR) (EX−NOR)	A○ B○ ○Y	배타적 논리합 부정회로
RS−FF	R Q S Q̄	reset & set flip flop	JK−FF	J Q CK K Q̄	jack & king flip flop
T−FF	T Q CK Q̄	toggle flip flop	D−FF	D Q CK Q̄	data (deley) flip flop
HA	A○ HA ○S B○ ○C₀	반가산기 (half adder)	FA	A○ FA ○S B○ C$_i$○ ○C₀	전가산기 (full adder)
HS	A○ HS ○D B○ ○B₀	반감산기 (half subtracter)	FS	A○ FS ○D B○ B$_i$○ ○B₀	전감산기 (full subtracter)

(8) 연산 증폭기

명 칭	약 호	기 호	비 고
연산 증폭기 (operational amplifier)	OP AMP	2 ─── 3 ─── μA741 ▷ 6 4	• 오디오용 : LM4558 • 정밀용 : 0937 • 고속용 : LM318

4 각종 소자의 구조와 성능

4-1 저항기(resister)

저항기는 전자기기 또는 전자회로 내에서 전류에 의한 전압 강하를 이용하여 회로 동작을 시키기 위한 소자로서 일반적으로 저항이라 부르며, 그 용도에 따라 고정 저항기, 가변 저항기로 구분하여 사용된다.

(1) 고정 저항기

고정 저항기는 저항값이 설정되어 있는 것으로 카본 저항기, 솔리드 저항기, 권선 저항기, 금속피막 저항기, 시멘트 저항기, 어레이(array) 저항기, DIP 저항기 등이 있다.

① 카본 저항기

탄소 피막 저항기라고도 하며, 자기막대 파이프의 외부에 탄소(카본)의 얇은 막을 입히고 피막 보호와 절연을 위해 전면에 도료가 칠해져 있는 구조로 되어 있다.
값이 싸서 많이 사용되며, 주변 환경에 의해 저항값의 변화가 많아 정밀회로에서는 사용되지 않는다.

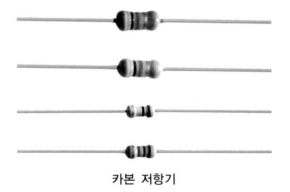

카본 저항기

② 솔리드 저항기

몰드 저항기라고도 하며, 저항체를 막대 모양으로 만들어 단자를 붙이고 절연성 수지 등의 보호용 케이스에 넣은 구조로 되어 있다. 정밀회로에서 잘 사용되지 않는다.

③ 시멘트 저항기

세라믹(자기) 저항기라고도 하며, 절연과 열 발산을 위해 권선 저항기를 세라믹(자기)으로 만든 케이스에 넣고 굳힌 형태로 되어 있다. 주로 소비전력이 큰 회로에 사용된다.

시멘트 저항기

④ 금속피막 저항기

자기막대 파이프의 외부에 금속의 얇은 막을 입히고 피막 보호와 절연을 위해 전면에 도료가 칠해져 있는 구조로 되어 있다. 주변 환경에 의해 저항값의 변화가 적어 **정밀급 저항**으로 사용된다.

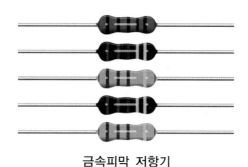

금속피막 저항기

⑤ 권선 저항기

자기나 합성수지 등의 절연물 위에 저항선을 감고, 그 위에 절연 도료를 칠한 구조로 되어 있다. 소모전력이 크거나 정밀회로에 사용이 가능하나 권선 간의 분포 용량 때문에 **고주파용으로는 부적당**하다.

권선 저항기

⑥ 어레이(array) 저항기

네트워크 저항기라고도 하며, 여러 개의 저항 소자를 하나의 패키지로 나열하여 접속하고 절연 도료를 입힌 형태로 되어 있다.

동일한 저항값의 저항기를 대량으로 사용하는 경우에 사용되며 종류로는 공통형과 분리형이 있다.

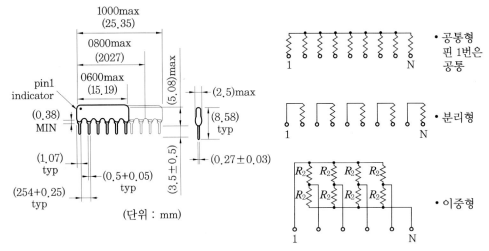

어레이 저항의 규격

⑦ 칩(chip) 저항기

칩 저항기는 길이가 1~6.3 mm, 폭이 0.5~3.15 mm, 두께가 0.35~0.55 mm인 박막
(thin film)으로 된 저항기이다. 주로 SMT(surface mounted technology, 표면실장
기법) 회로에 사용된다.

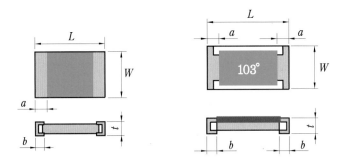

칩 저항의 규격

칩 저항의 규격

size code	L	W	t	a	b
1005(0402)	1.0±0.05	0.5±0.05	0.35±0.05	0.20±0.10	$0.25\ ^{+\,0.05}_{-\,0.10}$
1608(0603)	1.6±0.10	0.80±0.10	0.45±0.05	0.30±0.20	0.30±0.20
2012(0805)	2.0±0.10	1.25±0.10	0.55±0.10	0.40±0.20	0.40±0.20
3216(1206)	3.2±0.15	1.60±0.15	0.55±0.10	0.50±0.25	0.50±0.25
3225(1210)	3.2±0.20	2.60±0.20	0.55±0.10	0.50±0.20	0.50±0.20
5025(2010)	5.00±0.20	2.50±0.20	0.55±0.10	0.60±0.20	0.60±0.20
6432(2512)	6.30±0.20	3.15±0.20	0.55±0.10	0.60±0.20	0.60±0.20

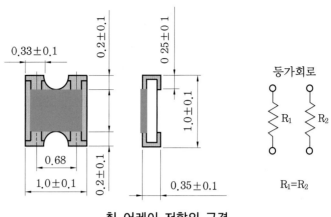

칩 어레이 저항의 규격

This marking is typical for MNR12 series

part No.	L	W	t	a	h₂	c	p
MNR12	1.6 ±0.10	1.6 ±0.10	0.5±0.10	0.3 ±0.20	0.6 ±0.15	0.3 max	0.80
MNR32	2.6 ±0.20	3.1 ±0.20	0.55 ±0.10	0.5 ±0.30	1.0 ±0.20	0.5 max	1.27

저항의 색깔 판별법

색 상	저항값			승수(Ω)	오 차
	1색띠	2색띠	3색띠		
은색(silver)				0.01	10 %
금색(gold)				0.1	5 %
흑색(검정, black)	0	0	0	1	
갈색(밤색, brown)	1	1	1	10	1 %
적색(빨강, red)	2	2	2	100	2 %
등색(주황, orange)	3	3	3	1 k	
황색(노랑, yellow)	4	4	4	10 k	
녹색(초록, green)	5	5	5	100 k	
청색(파랑, blue)	6	6	6	1 M	
자색(보라, purple)	7	7	7	10 M	
회색(gray)	8	8	8		
백색(흰색, white)	9	9	9		

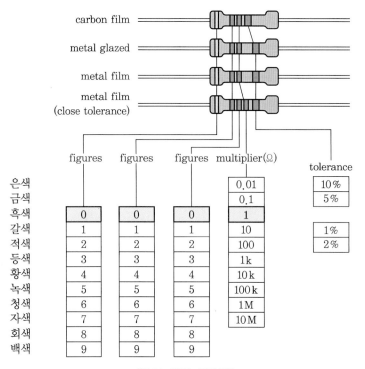

저항의 색깔 판별법

각종 저항 소자의 특징

명 칭	저항값(Ω)	정격전력(W)	온도계수 (ppm/℃)	허용오차 (%)
탄소피막 저항	10~수십M	1/16~2	−1300~+350	±1~5
금속피막 저항	1~2.2M	1/8~1	−100~+25	±1~5
산화 금속피막 저항	1~수백k	12/2~수W	−350~+250	±2~5
권선 저항(시멘트 저항)	0.1~수십k	1/2~수백W	−450~+50	±1~10
정밀용 권선 저항	1~수백k	1/8~수W	−50~+5	±0.01~1

(2) 가변 저항기

저항에 의한 전압 강하나 전류 등을 분배할 때 사용하는 것으로, 3개의 단자가 있는 구조로 되어 있으며 최대의 저항값이 숫자로 표시되어 있다.

가변 저항은 볼륨(volume)이라고 하는 가변 저항과 반고정 저항으로 구분된다.

① 반고정 저항기(semi variable resister)

한 번만 조정하면 변화가 필요없는 곳에 사용하며, 사용된 기기의 특성이 변동하거나 경년 변화 시 다시 조정할 수 있도록 한 저항기이다.

드라이버나 조정봉을 사용하여 조정할 수 있도록 되어 있다.

반고정 저항기

② 가변 저항기(VR : variable resister)

가변 저항기능 항상 조정을 필요로 하는 곳에 사용하는 저항기로 회전축에 손잡이를 달아 저항값을 가변할 수 있도록 되어 있다.

주로 음량 조정 등에 사용된다.

가변 저항기

③ 가변 저항기의 특성

가변 저항기의 저항값은 축의 회전각에 따라 변화하며, 그 변화에 따라 A형, B형, C형, D형, MN형 등으로 구분된다.

가변 저항기의 종류 및 용도

형 태	용 도
A	음량 조정
B	음질 조정, 감도 조정
C	진공관의 스크린 그리드 전압에 의한 이득 조정
D	고이득 앰프나 이어폰을 사용하는 라디오 이득 조절
MN	밸런스

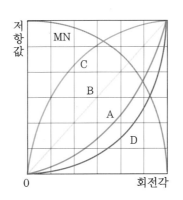

가변 저항기의 특성

4-2   콘덴서(condenser)

콘덴서(또는 커패시터)는 전하를 축전하는 장치로, 2장의 금속판을 마주 대고 사이에 유전체라고 하는 절연물질을 끼워 넣은 형태이다.

전극판으로 알루미늄이나 주석이 사용되고 유전체로는 절연지, 공기, 기름, 운모 등을 사용하는 구조로 되어 있다.

콘덴서는 직류 전류를 지지하고 교류 전류만을 흐르게 하거나 공진 회로를 구성하여 특정 주파수만 취급하는 곳에 사용되며, 고정 콘덴서와 가변 콘덴서로 구분된다.

(1) 고정 콘덴서

고정 콘덴서는 극성이 있는 유극성 콘덴서와 극성이 없는 무극성 콘덴서로 크게 구분되며 유전체의 종류, 용도, 특성 등에 따라 여러 가지로 분류된다.

① 무극성 콘덴서

㈎ 세라믹(ceramic) 콘덴서 : 세라믹(자기)을 유전체로 하는 콘덴서이다. 양면에는 전극을 붙이고 리드선을 납땜하여 방습 도장을 한 것으로, 온도에 대해 안정성이 좋으므로 온도 보상회로 등에 사용된다. SMT 회로용의 chip capacitor도 있으며 chip resister와 같은 형태를 하고 있다.

세라믹 콘덴서

㈏ 마일러(mylar) 콘덴서 : 마일러 플라스틱 필름을 유전체로 하는 콘덴서이다. 양면에 금속 전극을 부착한 구조로 되어 있으며 고주파용으로 사용된다.

마일러 콘덴서

㈐ 필름(film) 또는 스티롤(styrol) 콘덴서 : 폴리스티롤(스타이렌 수지)이나 폴리에틸렌 등의 플라스틱 필름을 유전체로 하는 콘덴서이다.

전극 사이에 끼워 감은 형태로 되어 있으며, 절연 저항이 높고 손실이 적으며 용량 오차가 적고 고주파 특성이 좋으나 사용온도 범위가 60℃ 정도로 낮은 결점이 있다. 펄스 회로 등에 사용된다.

㈑ 마이카(mica) 콘덴서 : 알루미늄박 사이에 유전체로 마이카(운모)판을 번갈아 겹쳐 만들고 마이카에 금속막을 형성한 형태로 되어 있는 콘덴서이다.

전기적인 특성이 좋고 내압이 높으며 정전 용량의 온도계수와 손실이 작아 고주파 회로에 사용된다.

㈒ 종이(paper) 콘덴서 : 주석박 또는 알루미늄박을 교대로 겹쳐서 만든 전극 사이에 종이를 끼워 감고, 거기에 침투제로 파라핀(또는 왁스)을 합침시켜 방습 처리한 구조로 되어 있다.

② 유극성 콘덴서

㈎ 전해(electrolytic) 콘덴서 : 알루미늄박의 전극 표면을 전해 처리하여 표면적을 크게 한 + 전극과 − 전극으로 되는 알루미늄박 사이에 전해액을 묻힌 가제나 종이를 끼워 넣고 알루미늄 케이스에 넣은 구조로 되어 있다.

주로 큰 용량이며 전원회로 등에 사용된다. 유극성이므로 **직류회로**에서만 사용하고 극성에 주의해야 하며, 특히 정류회로에서는 출력전압의 2배 이상인 내압을 견딜 수 있는 정격전압의 것을 사용해야 한다.

전해 콘덴서

㈏ 탄탈(tantalum) 콘덴서 : 전해 콘덴서의 일종으로, 탄탈 산화물을 유전체로 하는 콘덴서이다. 탄탈 금속 위에 산화피막을 형성하여 + 전극으로 하고, 그 위에 산화망간, 카본층을 형성하여 − 전극을 붙인 구조로 되어 있다.

유극성이며 전해 콘덴서에 비해 주파수의 특성, 온도 특성, 누설전류의 특성 등이 좋으며 소형이므로 커플링 회로, 필터 회로 등에 많이 사용된다.

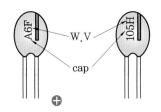

(W·V : work voltage)

탄탈 콘덴서

탄탈 콘덴서의 규격(내압)

voltage(V)	logotype
4	C
6.3	D
10	E
16	F
25	H
35	L

콘덴서의 규격 판별법

1. 전해 콘덴서
- 극성 구분 방법 : 리드선의 길이가 긴 것이 (+)이거나 몸체의 (−) 극이 띠 형태로 되어 있다.
- 용량 : 표면에 숫자로 표시(예 47 μF)
- 내압 : 표면에 숫자로 표시(예 10 V 또는 100 WV)

2. 탄탈 콘덴서
- 극성 구분 방법 : 리드선의 길이가 긴 것이 (+)이거나 몸체의 (+)극이 띠 형태로 되어 있다.
- 용량 : 표면에 숫자로 표시(예 47 μF)
- 내압 : 표면에 숫자로 표시(예 35)

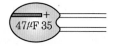

3. 세라믹 콘덴서
- 용량 : 표면에 숫자로 표시(예 223)
- 오차 : 표면에 영문자로 표시(예 K, 표 참조 : 콘덴서 허용오차)
- 용량계산법

  1자리수 : 유효숫자
  2자리수 : 유효숫자
  3자리수 : 승수(곱하는 수)
  2　2　3　K
  2　2 × 10^3 ➜ 22000 pF±10 % = 0.022 μF±10 %

4. 마일러 콘덴서
- 내압 : 표면에 숫자와 영문자 표시(예 1 H, 표 참조 : 콘덴서 내압)
- 용량 : 표면에 숫자로 표시(예 224, 표 : 콘덴서 내압 참조)
- 오차 : 표면에 영문자로 표시(예 J, 표 : 콘덴서 내압 참조)
- 용량계산법

  1자리수 : 유효숫자
  2자리수 : 유효숫자
  3자리수 : 승수
  1　H ········· 내압 50 V 표시
  2　2　4　J
  2　2 × 10^4 ➜ 220000 pF ± 5 % = 0.22 μF ± 5 %

콘덴서의 허용오차

문자	B	C	D	F	G	J	K	M	N	V	X	Z	P
허용오차 (%)	± 0.1	± 0.25	± 0.5	± 1	± 2	± 5	± 10	± 20	± 30	+20 −10	+40 −10	+80 −20	+100 −0
허용오차 (pF)	± 0.1	± 0.25	± 0.5	± 1	± 2	–	–	–	–	–	–	–	–

콘덴서의 내압

	A	B	C	D	E	F	G	H	J	K
0	1	1.25	1.6	2.0	2.5	3.15	4.0	5.0	6.3	8.0
1	10	12.5	16	20	25	31.5	40	50	63	80
2	100	125	160	200	250	315	400	5500	630	800
3	1000	1250	1600	2000	2500	3150	4000	5000	6300	8000

(2) 가변 콘덴서(variable condenser)

가변 콘덴서(variable condenser)는 서로 마주 보고 있는 고정판과 회전판 2조의 전극판의 대향 면적을 바꿈으로써 정전용량을 연속적으로 변화시키는 콘덴서이다. 바리콘(varicon)이라고도 한다.

이 가변 콘덴서는 송수신기나 발진기의 동조회로에 사용되는데, 공기를 유전체로 하는 에어 바리콘과 양 전극 간의 폴리에틸렌계 필름을 유전체로 넣은 폴리 바리콘이 사용되고 있다.

용량은 AM용 바리콘의 경우 25~430 pF이고 FM용 바리콘의 경우 15~25 pF이며 2련으로 되어 있다.

가변 콘덴서

(3) 반고정 콘덴서

반고정 콘덴서는 고주파 회로나 발진 회로의 주파수 세밀 조정에 사용되는데, 마이카나 폴리스티롤 등을 유전체로 하는 콘덴서이며, 한 번만 조정하면 변화가 거의 필요없는 곳에 사용된다.

사용된 기기의 특성이 변동 또는 변화 시 조정봉이나 드라이버를 사용하여 조정할 수 있다. 트리머(trimmer) 콘덴서라고도 한다.

반고정 콘덴서

4-3   인덕터(inducter)

인덕터는 인덕턴스(inductance, 도선이나 코일의 전기 전자적 성질)를 가지는 코일을 말하며, 교류에 대해 저항력을 가진 저항력을 유도 리액턴스라고 한다. 코일 간의 유도작용을 원리로 사용한다.

코어(core, 권심)에 의해 공심 코일, 자심 코일, 성층철심, 페라이트 등의 종류가 있으며, 용도에 따라 동조 코일, 초크 코일, 발진 코일, 트랜스포머 등으로 구분된다.

(1) 동조 코일

안테나 코일이라고도 하며, 중파 방송 수신용의 동조 코일은 페라이트 코어에 리츠선을 감은 바(bar) 안테나가 많이 사용되고, $300 \sim 430 \, \mu m$의 인덕턴스를 갖는다.

또한 안테나 코일은 수신 동조 측(1차)이 55~60회 정도, 베이스 픽업 코일(2차)이 5~6회 정도 감겨 있으며 바리콘과 함께 사용된다.

(2) 잡음방지용 코일

전원이나 신호라인에 콘덴서와 함께 삽입하여 잡음의 진입을 방지하는 코일을 말하며 트로이덜 코어나 EI 코어에 감겨져 있다.

트로리덜 코일은 자속이 코어에서 외부로 누설되기 어렵고 잡음을 외부에 방출시키지 않으므로 잡음방지에 사용되지만 코어의 재질이 다르므로 고주파로는 사용하기 어렵다.

(3) 초크(choke) 코일

초크 코일은 회로에서 교류 성분을 제거하는 데 사용되는 코일로 고주파용과 저주파용이 있다.

① 고주파 초크 코일 : 고주파용 초크 코일은 고주파에 대해 높은 임피던스를 가지며, 회로에서 고주파 전류를 저지하고 직류나 저주파 전류를 통과시키기 위한 목적에 사용되는 것으로, 솔레노이드 감이나 허니컴 감이로 감겨 있다.

② 저주파 초크 코일 : 저주파에 대해 높은 임피던스를 가져야 하므로 크기가 비교적 큰 편이다. 정류회로의 맥동(ripple)을 억제하여 직류만 통과시키기 위해 사용된다.

(4) 발진 코일

슈퍼 헤테로다인 수신기의 국부발진을 하기 위한 코일로, AM용은 중간 주파 트랜스와 외형이 같고 FM용은 동조 주파수가 높으므로 3~7회 정도로 감은 코일을 사용한다. 인덕턴스는 코일 간의 간격을 조정하여 사용하며 형태는 중간 주파 트랜스와 같다.

(5) 트랜스포머(transformer)

트랜스포머는 입력전압을 전자유도 작용으로 높이거나 낮추기 위한 것으로, 트랜스 또는 변압기라 하며 중간 주파 트랜스, 입력 트랜스, 출력 트랜스, 전원 트랜스 등이 있다.

① 중간 주파 트랜스(IFT : intermediate frequency transformer) : 슈퍼 헤테로다인 수신기에서 수신 주파수를 낮추어 수신기의 감도, 안정성을 좋게 할 수 있도록 중간 주파수 증폭기를 사용하는데, 이 증폭회로에 사용되는 트랜스를 말한다.

     AM용은 455 kHz의 중간 주파수가 사용되며 3개(황, 백, 흑색)가 1조로 되어 있고, FM용은 10.7 MHz의 중간 주파수가 사용되며 4개(황, 녹, 등, 청색)가 1조로 되어 있다.

② 입력 트랜스(IPT : input transformer) : 변성기라고도 하며, 증폭기의 입력 측에 넣어 임피던스 매칭(matching, 정합)을 할 목적으로 사용된다.

③ 출력 트랜스(OPT : output transformer) : 증폭기의 출력 측과 스피커와의 임피던스 매칭(matching, 정합)을 할 목적으로 사용된다.

IPT, OPT

④ 전원 트랜스(PT : power transformer) : 가정용 전원전압인 110/220V를 전자회로에 알맞은 전압으로 낮추기 위한 목적으로 사용하는 트랜스와 승압회로에 사용될 전원으로 높이기 위한 목적으로 사용하는 트랜스를 전원 트랜스라고 한다.

1차 측은 입력 전원전압을 가하는 단자이고 2차 측은 부하 또는 정류회로에 가해지는 전압이 나타나는 곳이다.

전원 트랜스

4-4 스피커(speaker)

스피커는 전기적(음성전압(전류)) 변화를 기계적(음성신호(음파)) 변화로 변환하는 장치로서 주로 다이내믹(dynamic) 스피커가 사용되며, 그 구조는 영구 자석의 자극 사이에 자유롭게 움직일 수 있는 보이스(voice) 코일을 넣은 형태로 되어 있다.

이 코일에 음성전류가 흐르면 주파수와 전류의 크기에 비례하여 코일이 전후로 움직이고, 코일 끝에 진동판과 콘(corn)지가 붙어 있어 이것이 공기를 진동시켜 소리를 낸다.

재생 주파수에 따라 저음용(wofer), 중음용(squaker), 고음용(twetter)으로 구분되며, 네트워크(network)라는 필터에 의해 각각의 스피커를 구동시켜 사용한다.

일반적으로 전자기기 실습에서는 2.5″ 다이내믹 스피커와 압전형 스피커가 많이 사용된다.

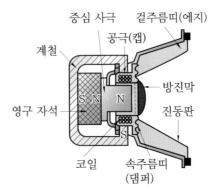

스피커의 구조

4-5   릴레이(relay)

릴레이는 전자석의 원리를 이용한 스위치로 여자 코일에 전류가 흐르면 가동 철편이 달라 붙어 접점이 ON/OFF되므로 회로 결선을 전환시킬 수 있다. 시그널(signal) 릴레이, 파워(power) 릴레이, 리드(reed) 릴레이, photoMOS 릴레이 등이 있다.

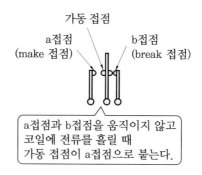

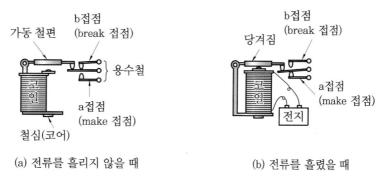

(a) 전류를 흘리지 않을 때   (b) 전류를 흘렸을 때

릴레이

시그널 릴레이

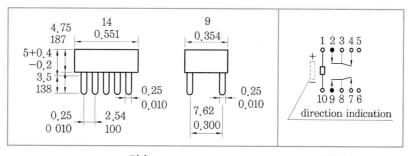

치수   회로도

Coil data(at 20℃ 68℉)

operating function	part No.	nominal voltage V_DC	pick up set voltage V_DC(max)	drop-out reset voltage V_DC(min)	nominal operating current mA(±10%)	coil resistance Ω(±10 %)	nominal operating power mW	max allowable voltage V_DC
single side stable	TO2-3 V		2.25	0.3	46.7	64.3	140	4.5
	TO2-4.5 V	4.5	3.38	0.45	31.1	144.6	140	6.7
	TO2-5 V	5	3.75	0.5	28.1	178	140	7.5
	TO2-6 V	6	4.5	0.6	23.3	257	140	9
	TO2-9 V	9	6.75	0.9	15.5	579	140	13.5
	TO2-12 V	12	9	1.2	11.7	1028	140	18
	TO2-24 V	24	18	2.4	8.3	2880	200	36

photoMOS 릴레이

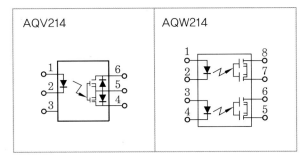

AQV214 AQW214

회로도

Ratings Absolute maximum ratings (Ambient temperature : 25℃ 77℉)

part No.		symbol	AQV214	AQW214
input	LED forward current	I_F	50 mA	50 mA
	LED reverse voltage	V_R	3 V	3 V
	peak forward current	IFP	1 A	1 A
	power dissipation	Pin	75 mW	75 mW
output	load voltage	V_L	400 V	400 V
	continuous load current	I_L	0.1 A	0.1 A
	pead load current	Ipeak	0.3 A	0.3 A
	power dissipation	Pout	500 mW	800 mW
total power dissipation		P_T	550 mW	850 mW
I/O isolation voltage		Viso	1500 V AC	1500 V AC
temperature limits	operating	Tope	−20℃에서 80℃ ~4℉에서 176℉	−20℃에서 80℃ ~4℉에서 176℉
	storage	Tstag	−40℃에서 100℃ ~4℉에서 212℉	−40℃에서 100℃ ~4℉에서 212℉

리드 릴레이

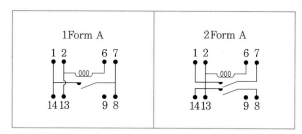

리드 릴레이 회로도

part No.	contact from	coil resistance ±10%(Ohms)	must operate voltage (V$_{dc}$)	must relesase voltage (V$_{dc}$)	Max voltage (V$_{dc}$)	Nom voltge (V$_{dc}$)
PRMA 1A05	1 A	500	3.75	0.8	21	5
PRMA 1A12	1 A	1000	9	1	30	12
PRMA 1A24	1 A	2150	18	2	44	24
PRMA 2A05	2 A	140	3.75	0.8	11	5

4-6　스위치(switch)

(1) 토글(toggle) 스위치

토글 스위치는 스냅(snap) 스위치라고도 한다.

손잡이(lever)를 밀어 제치면 스위치 내 스프링의 힘으로 가동 접점이 움직여 ON, OFF된다.

단순히 ON/OFF되는 것과 손잡이가 중앙에 있을 때 OFF되고 상하로 ON되는 ON/OFF/ON용이 있으며, 접점에 따라 single pole(SPDT)과 double pole(DPDT)이 있다.

토글 스위치

single pole(SPDT)과 double pole(DPDT)

part No. single pole	circuity	circuit switch characteristic < > momentory			part No. double pole	circuity	circuit switch characteristic < > momentory		
G101SYZQ	SPDT	ON 2−3	−	ON 2−1	G201SYZQ	DPDT	ON^{2-3}_{5-6}	−	ON^{2-1}_{5-4}
G103SYZQ	SPDT	ON 2−3	OFF	ON 2−1	G203SYZQ	DPDT	ON^{2-3}_{5-6}	OFF	ON^{2-1}_{5-4}
G108SYZQ	SPDT	⟨ON⟩ 2−3	−	⟨ON⟩ 2−1	G208SYZQ	DPDT	$<ON>^{2-3}_{5-6}$	−	$<ON>^{2-1}_{5-4}$

single pole

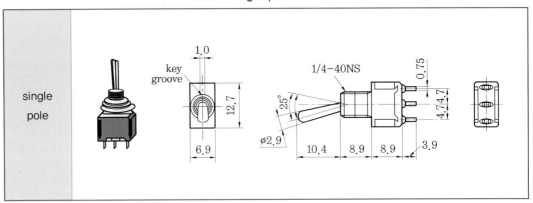

single pole

double pole

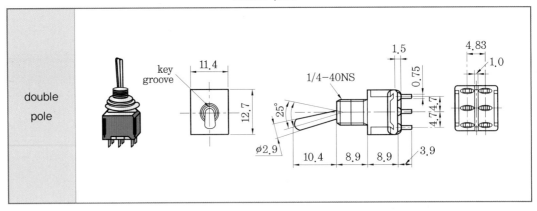

double pole

(2) 슬라이드(slide) 스위치

슬라이드 스위치는 손잡이를 좌우(또는 상하)로 슬라이딩하면 접점이 미끄러져서 접촉하거나 전환된다. 접점에 따라 3p, 6p 등으로 구분된다.

슬라이드 스위치

(3) 푸시 버튼(push button) 스위치

푸시 버튼 스위치는 누름 버튼 스위치라고도 하며, 버튼을 누르면 접점이 접촉하고 떼면 떨어지거나 회로가 전환된다.

a접점 한 개만 가진 1a형, a접점과 b접점을 가진 1a1b형이 있다.

푸시 버튼 스위치

(4) 로터리(rotary) 스위치

로터리 스위치는 실렉터(selector) 스위치라고도 하며, 고정접점과 회전접점이 있고 회전축을 돌리면 회전접점이 고정접점에 접촉되는 구조로 되어 있다. 접점의 수가 많으므로 다입력 선택 스위치 등에 사용된다.

로터리 스위치

(5) DIP(dual in-line package) 스위치

디지털 회로에서 다수의 스위치가 필요할 때 사용하는 스위치로 DIP 형태로 되어 있으며 슬라이드형, 피아노형 등이 있다. 접점 수에 따라 2p부터 10p까지 있으며 ON type과 OFF type이 있다.

DIP 스위치

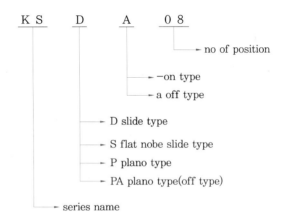

DIP SW 규격

(6) 디지털(digital) 스위치

디지털 스위치는 2진 또는 BCD 신호를 만드는 스위치로 10 position과 16 position의 두 종류가 있으며, 소형 드라이버나 조정봉을 출력하고자 하는 2진수 또는 16진수에 해당하는 위치로 돌리면 출력 핀에서 선택된 위치의 신호가 출력된다.

디지털 스위치

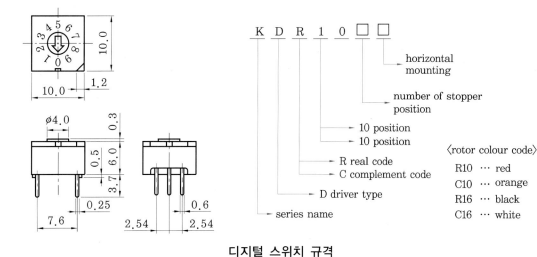

디지털 스위치 규격

4-7 수정 진동자 및 수정 발진기

수정 진동자(crystal resonator)는 벌도의 발진회로를 구성하여 원하는 발진출력을 얻도록 된 소자이다.

수정 발진기(crystal clock oscillator)는 수정 진동자와 발진회로를 한 패키지로 구성하여 전원만 가해지면 발진출력이 나오도록 되어 있다.

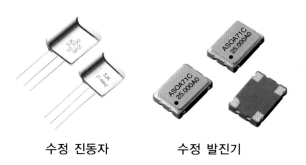

수정 진동자   수정 발진기

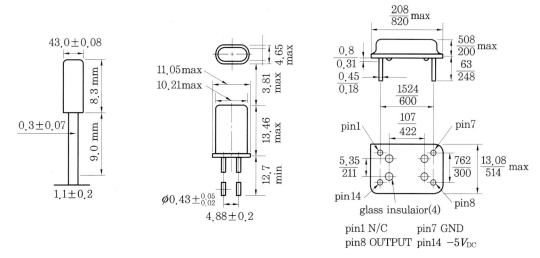

pin1 N/C   pin7 GND
pin8 OUTPUT pin14 $-5V_{DC}$

수정 진동자 및 수정 발진기의 규격

5 ● 반도체 소자의 구조와 특성

5-1 다이오드(diode)

다이오드는 전류를 한 방향으로만 흐르게 하고 역방향으로 흐르지 못하게 하는 성질을 가진 반도체 소자를 말한다.

반도체 내에서 전기를 운반하는 역할을 하는 것을 캐리어(carrier, 반송자)라 하며, 정공(hole)이 전기 전도의 역할을 하는 P형 반도체와 전자(electron)가 전기 전도 역할을 하는 N형 반도체를 접합한 것을 PN접합 다이오드라고 한다.

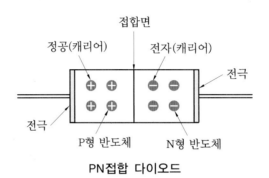

PN접합 다이오드

일반적으로 다이오드는 정류용, 스위칭용, 검파용 등으로 분류하며 다이오드 극성을 표시하기 위해 캐소드 측에 색띠(cathode band)가 인쇄되어 있다.

① 정류용 : 다이오드 자체적인 것과 복수의 다이오드가 브리지(bridge)형이나 전파정류형 등으로 조합된 것이 있다. 사용할 때 교류전원의 3배 이상의 내압을 사용한다.

② 스위칭용 : 1S1588과 같이 회로의 스위칭에 사용된다.

③ 검파용 : 소신호의 검파에 사용하며, 게르마늄(Ge)을 이용한 것을 주로 사용하고 1N60 등이 있다.

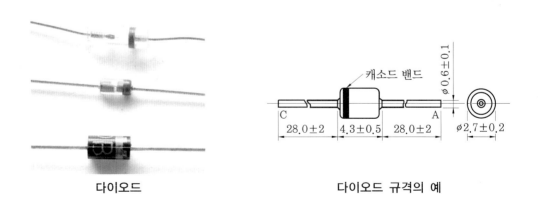

다이오드   다이오드 규격의 예

(1) 다이오드의 작용

그림 (a)와 같이 전압을 가하면 반송자(carrier)인 정공과 전자는 양쪽의 전압에 의해 서로 반발하여 접합면을 자유롭게 이동하며 전류를 잘 흐르게 하는데, 이와 같은 방향의 전압을 순방향 전압이라 한다.

그림 (b)와 같이 전압을 가하면 반송자는 양쪽의 전압에 의해 서로 흡인되어 접합면에 반송자가 없어지므로 전류가 흐르지 못하는데, 이와 같은 방향의 전압을 역방향 전압이라 한다.

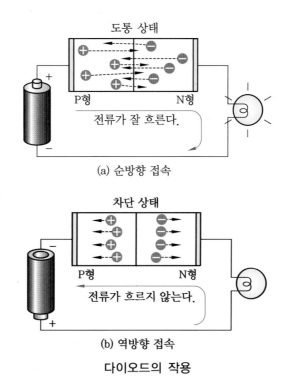

(a) 순방향 접속

(b) 역방향 접속

다이오드의 작용

 다이오드의 양부 판별

다이오드는 PN접합 반도체로 순방향일 때 전류가 흐르고 역방향일 때 전류가 흐르지 않는 성질이 있으므로 다음과 같이 양부 판별이 가능하다.

테스터를 저항 측정단자(R×100 이상)에 위치하고 흑색 리드선을 다이오드의 애노드에, 적색 리드선을 캐소드에 접촉했을 때 저항값이 작고, 반대로 했을 때 저항값이 크면 좋은 것이다.

• 단락(short) 상태 : 순방향(지침이 올라간다.)
• 개방(open) 상태 : 역방향(지침이 움직이지 않는다.)

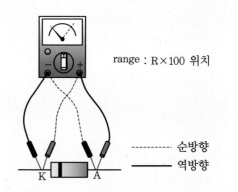

(2) 제너 다이오드(zener diode)

다이오드의 제너 항복 현상(역방향 포화전류가 흐르는 상태에서 역방향 전압을 더 증가시키면 어느 전압에서 역방향의 큰 전류가 흐르는 현상)을 이용한 다이오드로, 정전압을 얻는데 사용된다.

제너 다이오드는 역방향 전압을 이용하므로 일반 다이오드와 반대로 캐소드에 + 전압을 인가하여 사용한다.

• 용도 : 정전압 회로, 전압 시프트 회로, 서지(serge) 회로

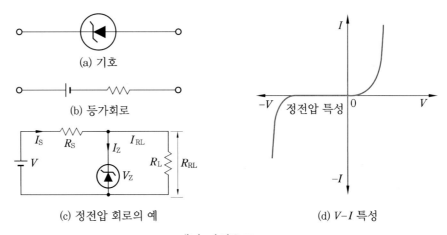

(a) 기호

(b) 등가회로

(c) 정전압 회로의 예

(d) V–I 특성

제너 다이오드

(3) 가변 용량 다이오드(variable capacitance diode)

PN접합 다이오드에 역방향 전압을 가하면 공간 전하 영역이 콘덴서 역할을 하는 것으로 직류전압에 비례하여 용량이 변화하는 다이오드이다. 역방향 전압을 이용하므로 일반 다이오드와 반대로 캐소드에 + 전압을 인가하여 사용한다.

• 용도 : VCO(전압 가변 주파수 발진기), TV 또는 FM 수신기의 AFC 회로, 동조회로

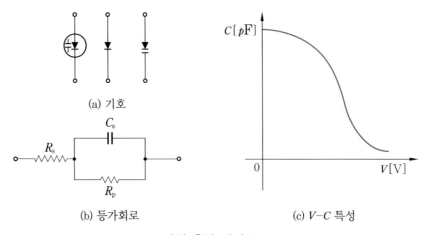

(a) 기호

(b) 등가회로

(c) V–C 특성

가변 용량 다이오드

(4) 터널 다이오드(tunnel diode)

1957년 일본의 에사키(Esaki)가 개발한 다이오드로, 도너 밀도를 매우 높게 하여 공핍층을 좁게 하고 전계의 세기를 증가하게 한 것이므로 응답속도가 빠르다.

- 용도 : 초고주파 발진, 특수 파형 발생

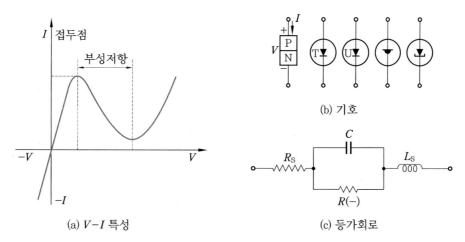

(a) V-I 특성 (b) 기호 (c) 등가회로

터널 다이오드

5-2   트랜지스터(transistor)

(1) 트랜지스터

트랜지스터는 transfer-resister의 준말로 TR이라 한다.

구조는 PN접합의 한쪽면에 P형 또는 N형 반도체를 접합하여 PNP 또는 NPN 접합을 한 형태로 되어 있다.

트랜지스터는 전자와 정공의 양극성 전하가 캐리어로 동작하므로 바이폴러 트랜지스터(bi-polar transistor)라고도 한다.

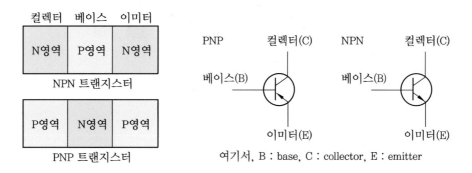

여기서, B : base, C : collector, E : emitter

트랜지스터의 구조와 기호

트랜지스터의 동작원리

트랜지스터는 이미터와 베이스 간, 베이스와 컬렉터의 간의 2가지 PN접합을 갖는다.
베이스와 컬렉터 간에 역방향 전압(V_{CB})을 인가하면 컬렉터 회로 내에 작은 전류 IC(컬렉터 전류)가 흐르고, 이미터와 베이스 간에 순방향 전압(V_{BE})을 인가하면 전자가 이미터에서 베이스 영역으로 주입된다 (이미터 전류).
이 전자의 일부는 베이스 전류가 되지만 대부분 베이스–컬렉터 접합에 도달하여 역전압에 의한 전계로 컬렉터에 흡수되어 컬렉터 전류가 된다. 그러므로 약간의 베이스 전류로 큰 컬렉터 전류를 제어할 수 있으며, 이에 따라 전류 증폭을 한다.
PNP 트랜지스터도 전압을 바꿔서 인가하면 같은 원리로 동작된다.

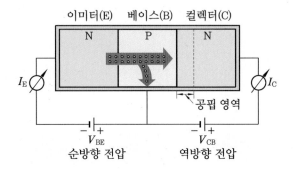

(2) 컬렉터 전류에 따른 분류

① 소출력용 : 컬렉터 전류 0.1 A 정도

② 중출력용 : 컬렉터 전류 0.5 A 정도

③ 대출력용 : 컬렉터 전류 5 A 이상

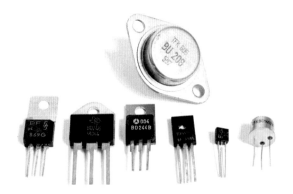

전류에 따른 분류

(3) 형명에 따른 분류

트랜지스터는 고주파용과 저주파용으로 구분한다.

트랜지스터의 분류

접 두	분 류	용 도
2SA	PNP 트랜지스터	고주파용
2SB	PNP 트랜지스터	저주파용
2SC	NPN 트랜지스터	고주파용
2SD	NPN 트랜지스터	저주파용
2SJ	P채널 FET	싱글 게이트용
2SK	N채널 FET	싱글 게이트용
3SJ	P채널 FET	듀얼 게이트용
3SK	N채널 FET	듀얼 게이트용

(4) 트랜지스터의 명칭

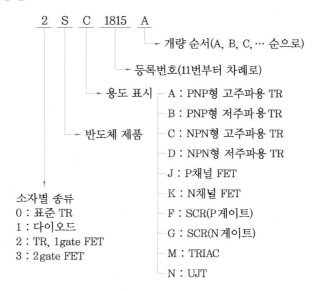

$$2 \quad S \quad C \quad 1815 \quad A$$

- 개량 순서(A, B, C, … 순으로)
- 등록번호(11번부터 차례로)
- 용도 표시
  - A : PNP형 고주파용 TR
  - B : PNP형 저주파용 TR
  - C : NPN형 고주파용 TR
  - D : NPN형 저주파용 TR
  - J : P채널 FET
  - K : N채널 FET
  - F : SCR(P게이트)
  - G : SCR(N게이트)
  - M : TRIAC
  - N : UJT
- 반도체 제품
- 소자별 종류
  - 0 : 표준 TR
  - 1 : 다이오드
  - 2 : TR, 1gate FET
  - 3 : 2gate FET

주의

- h_{fe}(전류증폭률 표시)

  예 2SC374-Y　　O : 70~140,　Y : 120~240,　GR : 200~400,　BL : 350~700

- 최근에는 TR 형명을 표시할 때 2S를 표시하지 않고 C1815 등으로 표기하는 경우가 많으며, 패키지가 작아지고 표면실장(surface mounted)형이 많이 사용된다.

트랜지스터 전극 및 양부 판별

NPN형 트랜지스터는 P형 반도체(base)를 중심으로 양측에 N형 반도체(이미터, 컬렉터)를 접합한 형태로 되어 있다. 베이스를 중심으로 2개의 다이오드가 붙어 있는 것과 같은 형태로 되어 있으므로 다이오드의 양부를 판별하듯이 측정하면 된다.

1. 베이스 전극 찾기
   그림 [트랜지스터 전극의 형태]와 같이
   ① 테스터를 R×100 단자 이상에 놓고
   ② 트랜지스터의 임의에 단자에 흑색 리드봉을 접촉하고
   ③ 다른 두 단자에 적색 리드봉을 각각 접촉했을 때
   ④ 테스터 계기의 지침이 저항값으로 0 Ω 가까이 지시하면(순방향) 흑색 리드봉이 접촉된 곳이 베이스가 된다.
   만일 계기의 지침이 저항값 ∝을 지시하면 흑색 리드봉을 다른 단자로 하고 ③, ④와 같이 다시 측정한다.

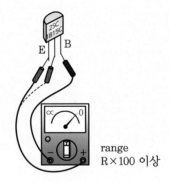

range
R×100 이상

2. 이미터와 컬렉터 전극 찾기
   트랜지스터는 일정한 형태의 전극을 가지고 있으므로 위의 베이스 전극만 찾으면 이미터와 컬렉터는 그 형식을 따른다.
   ① 테스터를 R×10000 단자에 놓고
   ② 트랜지스터의 베이스 전극을 제외한 두 전극간의 저항값을 측정하여
   ③ 테스터의 계기의 지침이 순방향 상태로 지시하면
   ④ NPN의 경우 적색 리드봉이 접촉된 곳이, PNP의 경우 흑색 리드봉이 접촉된 곳이 컬렉터가 된다.

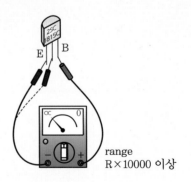

range
R×10000 이상

3. 양부 판별하기

전극을 찾는 방법에서 지시값이 순방향, 역방향에서 ∝일 경우는 개방이며 0 Ω을 지시하면 단락이다.

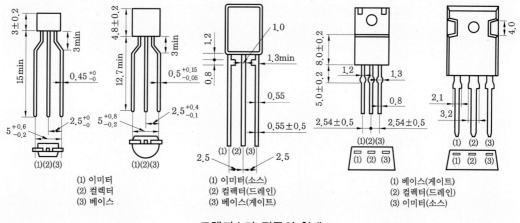

(1) 이미터
(2) 컬렉터
(3) 베이스

(1) 이미터(소스)
(2) 컬렉터(드레인)
(3) 베이스(게이트)

(1) 베이스(게이트)
(2) 컬렉터(드레인)
(3) 이미터(소스)

트랜지스터 전극의 형태

5-3   전계 효과 트랜지스터(FET : field effect transistor)

FET는 게이트 전압에 의해 다수 반송자의 이름을 제어하는 전압 제어형 소자로, 입력 임피던스가 매우 높고 저잡음 특성을 가지며 출력이 크고 동작속도가 매우 빠르다.

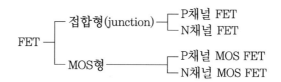

(1) 접합형 FET

N채널 FET는 N형 Si의 단결정편의 양단에 소스(S, source)와 드레인(D, drain)이라는 전극을 붙이고, 중간에 합금법에 의한 게이트(G, gate)라는 PN 접합을 붙인 구조이다.

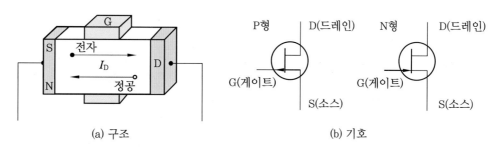

(a) 구조

(b) 기호

JFET의 구조와 기호

■ 동작 원리

(가) 그림과 같이 드레인과 소스 사이에 V_{DS}의 전압을 가하면 N형의 전자들은 드레인 전극의 높은 전계에 의해 드레인 쪽으로 드레인 전류(I_D)가 흐른다.

(나) (가)의 상태에서 게이트와 소스 사이에 V_{GS}라는 전압을 가하면 공핍층이 생겨 소스 에서 드레인으로 가는 전자의 통로가 좁아진다. 그러므로 V_{GS}에 의해 드레인 전류 가 제어된다.

(다) V_{GS}를 더욱 증가시키면 그림과 같이 공핍층이 더욱 넓어져 전자의 통로는 매우 좁 아지므로 드레인 전류가 매우 적게 흐른다.

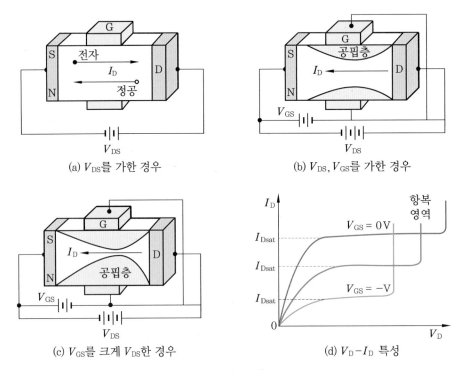

(a) V_{DS}를 가한 경우

(b) V_{DS}, V_{GS}를 가한 경우

(c) V_{GS}를 크게 V_{DS}한 경우

(d) $V_D - I_D$ 특성

FET의 동작

 핀치오프(pinch-off) 전압

V_{GS}를 더욱 증가시키면 N형 채널의 통로가 완전히 차단되어 전자의 통로가 차단되고 극히 미세한 전류 가 흐를 때의 V_{GS} 전압을 말한다.

(2) MOS(metal oxide semiconductor)FET

MOSFET는 JFET와 동작원리는 비슷하나 입력 게이트와 전극 사이의 정전용량이 작고 임피던스가 매우 크다는 장점이 있다.

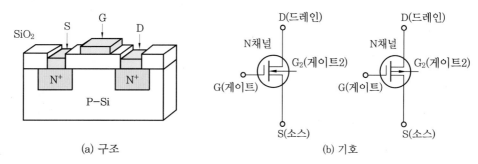

(a) 구조　　　　　　　　　　　　(b) 기호

MOSFET의 구조와 기호

- 구조 : MOSFET는 P형 Si 기판(wafer)의 표면을 산화시켜 산화 실리콘(SiO_2)층을 만들고, 이 층에 구멍을 만들어 드레인 전극, 소스 전극, 게이트 전극을 증착시킨 구조로 되어 있다.

MOSFET의 종류는 다음과 같다.

㈎ P채널 MOS : 실리콘 결정 기판으로 N형 실리콘을 사용하고 소스와 드레인은 P형 확산층에 의해 형성된다. N형 실리콘 표면에 P형의 전도층이 형성되고 채널이 생기는 것이다.

㈏ N채널 MOS : 실리콘 결정 기판으로 P형 실리콘을 사용하고 소스와 드레인은 N형 확산층에 의해 형성된다. P형 실리콘 표면에 N형의 전도층이 형성되고 채널이 생기는 것이다.

㈐ 증가(enhancement)형 : 게이트 전압을 가할 때 채널이 형성되고 게이트 전압이 0일 때는 채널이 형성되지 않으므로 소스와 드레인 간에 전류가 흐르지 않는 형이다.

㈑ 공핍(depletion)형 : 게이트 전압이 0이어도 소스와 드레인 간의 전류가 흐르는 형이며 일반적으로 N채널 MOSFET는 감소형을 사용한다.

5-4　광소자 (photo device)

광소자는 빛을 이용하여 신호를 발생시키거나 검출하기 위한 소자를 말하며 신호변환, 제어 등에 사용된다.

(1) 발광 다이오드(LED : light emission diode)

LED는 GaP, GaAsP 등의 화합물 반도체로 PN접합을 만들고, 여기에 순방향 전압을 인가하여 접합면에서 발광하는 소자이다.

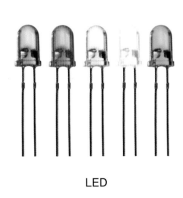

LED

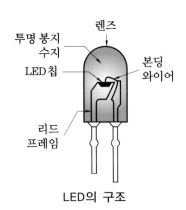

LED의 구조

① 구조 : 빛을 발광하기 위한 LED 칩(chip)과 전압을 가하기 위한 캐소드 리드의 핀 상단은 납이나 도전성 페이스트에 의해 고정되어 있으며 LED 칩과 애노드 리드 간에 ϕ 25~30 μm의 가는 금선이 접속되어 있다.

또한 빛을 유효하게 방사하기 위해 투명 에폭시 수지의 렌즈 속에 매입된 형태로 되어 있다.

② 사용 방법

㈎ static 구동 방법

- 직류 점등회로 : 그림 (a)와 같이 직류전원을 사용하여 점등하는 경우의 기본회로로 전류 I_F는 다음과 같다.

$$I_F = \frac{(V_{CC} - V_F)}{R}$$

I_F : LED의 순방향 전류, V_{CC} : 전원 전압, R : 전류제한 저항, V_F : LED의 순방향 전압

예 표준광도 $I_V = 1200$ mcd를 얻기 위해 필요한 순방향 전류 $I_F = 20$ mA, $I_F - V_F$ 특성에서 필요한 순방향 전압 $V_F = 2.1$ V일 때 전류 제한 저항값은

$I_F = \frac{(V_{CC} - V_F)}{R}$에서 $R = \frac{(V_{CC} - V_F)}{I_F}$이므로

$R = \frac{5 - 2.1}{0.02} = \frac{2.9}{0.02} = 145 \ \Omega$

즉, 전류 제한 저항은 145 Ω을 접속하면 정상으로 구동할 수 있다.

- 직류 점등회로에서 광도를 향상시키기 위해 그림 (b)와 같이 직렬 또는 병렬로 접속하여 사용하며 이때 전류 I_F는 다음과 같다.

직렬접속 : $I_F = \frac{(V_{CC} - nV_F)}{R}$ 병렬접속 : $I_F = \frac{(V_{CC} - V_F)}{R}$

• 정전류 점등회로 : 그림 (c)와 같으며 전류 I_F는 다음과 같다.

$$I_F = \frac{(V_{CC} - V_{BE})}{R_3}$$

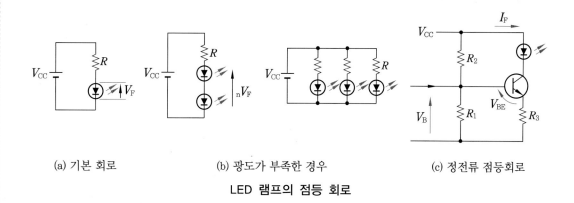

(a) 기본 회로　　　　　　(b) 광도가 부족한 경우　　　　　(c) 정전류 점등회로

LED 램프의 점등 회로

③ 다이내믹(dynamic) 구동 방법 : 눈의 잔상효과를 이용한 방법으로 디지털 회로를 조합하여 사용하며 저소비 전력화가 가능한 방법이다.

펄스 점등의 원리는 다음 그림과 같으며 LED가 점등하고 있는 시간을 직류 점등 시의 1/2로 한 경우 직류 점등 시보다 2배의 밝기가 되는 펄스 피크 전류를 가하면 동일해 보인다.

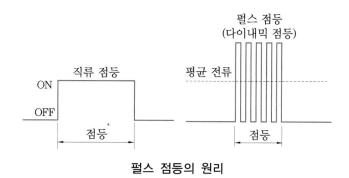

펄스 점등의 원리

펄스 점등 방식은 TTL 또는 C-MOS IC와 트랜지스터 등을 조합하여 설계한다.

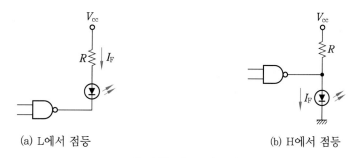

(a) L에서 점등　　　　　　　　　(b) H에서 점등

IC에 의한 펄스 점등회로

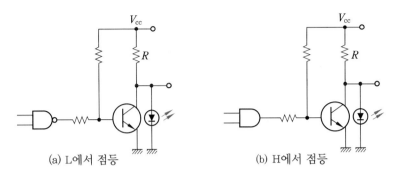

(a) L에서 점등   (b) H에서 점등

구동 드라이버 트랜지스터에 의한 펄스 점등회로

(2) 포토트랜지스터(photo transistor)

포토트랜지스터는 빛에 의해 컬렉터 전류가 제어되는 수광 소자로, 그림과 같은 구조로 되어 있으며 상단에 빛을 투과시키는 투명 렌즈가 있다.

또한 바이어스를 가하기 위해 베이스 전극이 있는 것과 없는 것이 있으며 다이오드 형태로 된 포토다이오드도 있다.

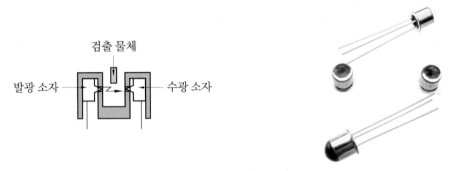

포토트랜지스터

(3) 포토 인터럽터(photo interrupter)

① 구조 : 발광 소자와 수광 소자가 하나의 패키지에 내장되어 수 mm의 간격을 두고 마주보도록 배치되어 있다. 발광 소자에는 적외선 LED가 사용되고 수광 소자에는 포토트랜지스터가 사용된다.

포토 인터럽터

② 특징 : 비접촉 물체 감지, 무접점으로 신뢰성이 높고 수명이 길며, 소형으로 가볍고 TTL 또는 C-MOS IC와 접속이 용이하다. 패키지 구성에 따라 투과형과 반사형이 있으며, 투과형은 포토 인터럽터라 하고, 반사형은 반사형 포토 인터럽터 또는 포토 리플렉터라 한다.

③ 동작 원리 : 적외선 LED가 발광하는 근적외선이 포토트랜지스터에 조사되고 포토트랜지스터에 컬렉터 전류가 흐르며, 검출하려는 이동 물체가 양 소자간에 삽입되면 빛이 물체에 의해 차단되고 포토트랜지스터가 컷오프되어 컬렉터 전류가 흐르지 않는다. 물체의 유무에 따라 포토 트랜지스터의 출력 신호 변화를 이용한다.

④ 수광 소자의 종류
  ㈎ 포토 트랜지스터 : 가격이 저렴하여 일반적으로 널리 사용하고 있다.
  ㈏ 포토 다링턴 트랜지스터 : 포토트랜지스터에 비해 광감도가 높아 LED의 순방향 전류를 작게 하더라도 구동할 수 있기 때문에 저전력 회로, 소형 기기 등의 사용에 적합하다.
  ㈐ 디지털 출력형 포토 IC : 수광부는 포토다이오드를 사용하고 후단에 접속하는 신호 증폭 회로, 파형 정형 회로, 버퍼 회로, 정전압 회로 등을 원칩에 집적한 형태로 되어 있으며, 응답속도가 빠르고 IC와 접속이 용이하기 때문에 회로 설계가 간단하다. 이외에도 2상 출력형 포토트랜지스터, 2상 디지털 출력형 포토 IC 등이 있다.

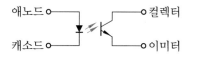

(a) 포토트랜지스터 출력의 등가회로

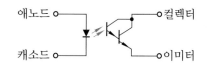

(b) 포토 다링턴 트랜지스터 출력의 등가회로

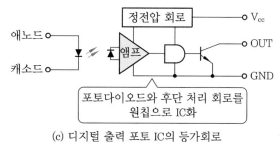

(c) 디지털 출력 포토 IC의 등가회로

포토 인터럽터의 종류

참고 패키지의 특징·검출 홈 폭이 1∼15 mm, 슬릿 (slit) 폭이 0.1∼2 mm 정도의 간격을 가지며 프린트 기판 집적 부착형과 판금 부착형 및 나사 고정형 등이 있다.

(4) 포토커플러(photo coupler)

회로 간 전기적으로 절연한 상태에서 전기신호를 전달하는 목적으로 발광 소자(LED)와 수광 소자를 광학적으로 결합하여 하나의 패키지에 내장한 광복합 소자를 말한다.

포토커플러는 출력방식에 따라 트랜지스터 출력, 다링턴 트랜지스터 출력, 로직 출력, 사이리스터 출력, 트라이액 출력 등이 있다.

출력방식에 따른 핀 배치

기 능	형 명	핀 배치
트랜지스터 출력	TLP521-1	
	TLP521-4	
다링턴 트랜지스터 출력	TLP127	
로직 출력	TLP558	
	TLP216	
사이리스터 출력	TLP541G	
트라이액 출력 (포토 트라이액)	TLP560G	

다음 그림은 포토커플러의 구조와 기능을 나타낸 것이다.

포토커플러

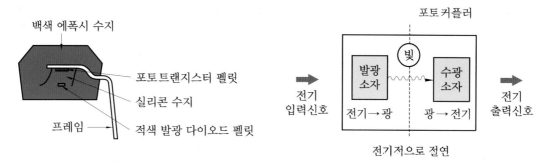

포토커플러의 구조와 기능

(5) CdS 광도전 소자

Cds 광도전 소자는 카드뮴(Cd)과 황(S)의 화합물을 기판에 증착하고, 그 양단에 리드선을 붙인 구조로 되어 있다.

빛을 받으면 저항값이 감소하는 성질을 가지고 있으며, 주로 빛을 검출하는 회로 등에 사용된다.

다음은 CdS의 여러 가지 모습과 그 구조와 기호를 나타낸 것이다.

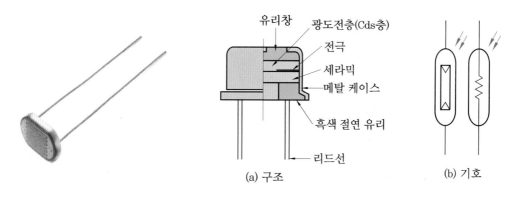

Cds   Cds의 구조와 기호

5-5 트리거 소자(trigger device)

상태 변화의 계기가 되는 신호를 말하며, 사이리스터(thyristor)를 동작시키기 위한 신호를 발생하는 SBS, SSS, DIAC, UJT, PUT 등이 있다.

(1) SBS(silicon bilateral switch)

SBS는 쌍방향성 트리거 소자로, SCR과 제너 다이오드를 1조로 하여 2개를 서로 역방향으로 연결한 구조이다.

양극 A_1과 A_2에 가해진 전압이 제너 다이오드의 제너 전압 이상이 되면 한쪽의 SCR 게이트를 트리거 하여 도통시킨다. 만일 A_1과 A_2의 전압이 바뀌면 다른 쪽 SCR이 도통하여 양방향으로 트리거 신호를 발생한다.

주로 저전압 트리거 제어회로에 사용되며 브레이크 오버 전압은 약 8 V이고 DIAC보다 낮은 브레이크 오버 전압을 갖는다.

다음 그림은 기호와 특성곡선을 나타낸 것이다.

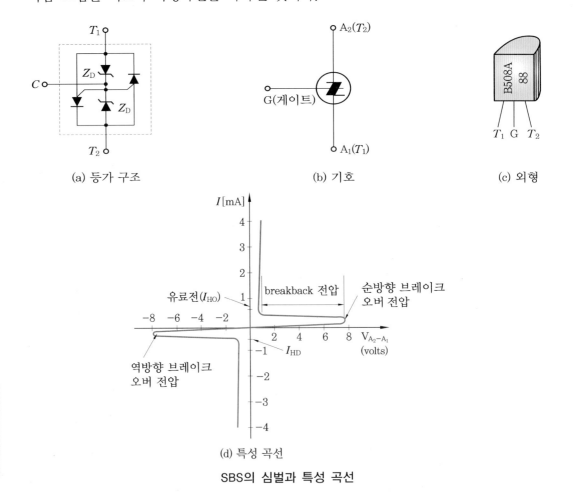

(a) 등가 구조   (b) 기호   (c) 외형

(d) 특성 곡선

SBS의 심벌과 특성 곡선

(2) SUS(silicon unilateral switch)

SUS 및 PNPN(four-layer) 다이오드는 **단방향 트리거 소자**로, 기호와 전압-전류 특성은 그림과 같다.

또한 PNPN 다이오드는 브레이크 오버 전압을 10~400 V까지 제조하며, SUS는 저전압, 저전류용으로 브레이크 오버 전압은 8 V, 전류는 1 A 이하에서 사용된다.

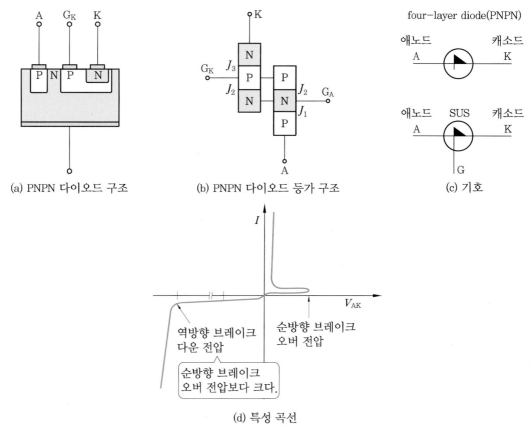

(a) PNPN 다이오드 구조　　(b) PNPN 다이오드 등가 구조　　(c) 기호

(d) 특성 곡선

SUS(PNPN 다이오드)의 심벌과 특성 곡선

(3) DIAC

DIAC(다이액)은 **2단자 교류 스위치**를 의미하며, 그림과 같은 3층 구조로 이루어져 있고 전압-전류 특성이 대칭인 쌍방향성 트리거 소자이다. 순방향 브레이크 오버 전압보다 작은 전류에서는 다이액에 전류가 흐르지 않는다.

그러나 일단 브레이크 오버 전압에 도달하면 다이액은 도통되어 단자 간의 전압이 약간 떨어지면서 전류가 급상승한다. 역방향도 역시 같은 동작을 하며 교류 공급 전원의 양 반파 주기에서 트리거 신호를 발생한다.

브레이크 오버 전압은 30~36 V이며 브레이크 오버 전류는 50 μA인 것이 대부분 사용된다.

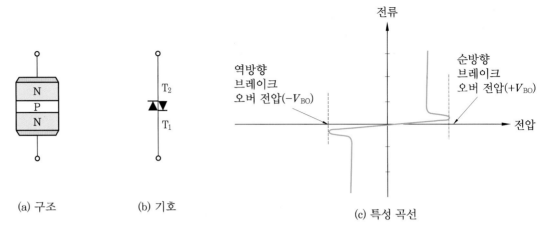

DIAC의 구조와 특성 곡선

(a) 구조   (b) 기호   (c) 특성 곡선

(4) 단접합 트랜지스터(UJT : uni-junction transister)

단접합 트랜지스터는 접합부가 하나인 트랜지스터를 말하는 것으로, 일종의 브레이크 오버 소자이다.

일반적으로 UJT는 타이머, 발진기, 파형 발생기, 사이리스터의 게이트 제어회로 등에 널리 사용된다.

UJT는 그림과 같이 N형 실리콘 막대 양단에 베이스 전극(B_1, B_2)을 만들고 B_1보다 B_2 가까운 곳에 P형 반도체를 접합하여 이미터(E) 전극을 형성한 형태로, 더블 베이스 다이오드(double base diode)라고도 한다.

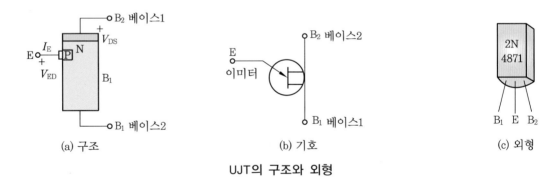

UJT의 구조와 외형

(a) 구조   (b) 기호   (c) 외형

- 동작 원리

   ㈎ 이미터(E)와 베이스1(B_1) 사이의 전압(V_{EB1})이 피크 전압(V_P)보다 작으면 UJT는 OFF되어 이미터에서 베이스1으로 흐르는 전류(I_E)는 0이 된다.

   ㈏ V_{EB1} 전압이 V_P 전압에 도달하면 UJT는 ON이 되고 E와 B_1 사이는 단락되어 전류가 흐른다. 이로 인해 B_2와 B_1 사이에 전류가 흐른다.

   그림은 UJT의 등가회로와 V-I 특성 곡선 및 간단한 회로를 나타낸 것이다.

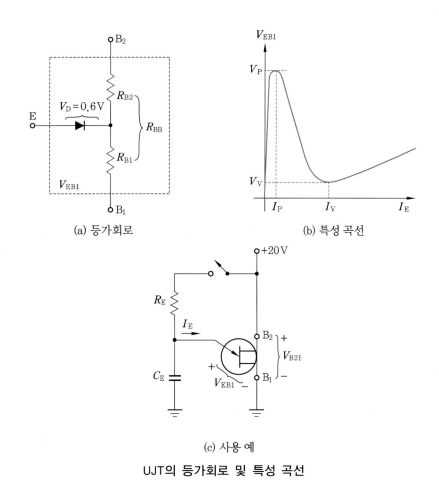

(a) 등가회로　　　　　　　　　(b) 특성 곡선

(c) 사용 예

UJT의 등가회로 및 특성 곡선

(5) PUT(programmable uni-junction transistor)

PUT는 실제 구조와 동작모드가 UJT와 다르나 각각의 전압–전류 특성과 응용이 비슷하여 UJT의 명칭을 사용하고 있다. PUT도 UJT와 같이 트리거 소자로서 매우 적은 전류로 트리거할 수 있다. 구조는 그림과 같이 샌드위치된 N형 반도체 층에 게이트가 직접 접속된 PNPN형 반도체 소자이다.

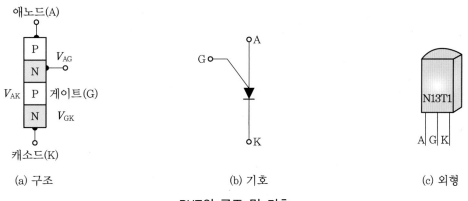

(a) 구조　　　　　　　　　(b) 기호　　　　　　　　　(c) 외형

PUT의 구조 및 기호

■ 동작 원리

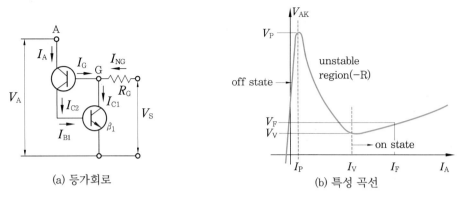

(a) 등가회로　　　　(b) 특성 곡선

PUT의 등가회로 및 특성 곡선

㉮ 게이트에 일정 전압을 가하고 애노드의 전압을 증가시키면($V_A > V_G$) PNP형 트랜지스터는 순방향 바이어스가 되어 도통 상태가 된다.

㉯ PNP형 트랜지스터가 도통되면 컬렉터 전압은 NPN형 트랜지스터의 베이스에 순방향 바이어스가 되어 NPN형 트랜지스터를 도통시키고, 순식간에 포화전류가 흐르게 되어 애노드로부터 캐소드 간은 도통 상태가 된다.

㉰ 일단 도통되면 애노드와 캐소드 간은 게이트 전압에 관계없이 이 상태를 계속 유지한다(SCR 특성과 같음, holding 상태).

㉱ 그러나 게이트와 캐소드 간의 전압, 즉 게이트 전압을 변화하면 애노드와 캐소드 간의 도통되는 전압을 가변할 수 있다.

 PUT의 양부 측정

테스터를 저항단자(R×100)에 놓고 애노드에 흑색 리드봉을, 게이트에 적색 리드봉을 접속하면 저항값으로 0 Ω 가까이 지시하고 역으로 접속하면 ∝을 지시한다. 또한 애노드에 흑색 리드봉을, 캐소드에 적색 리드봉을 접속하여도 0 Ω 가까이 지시한다. 애노드와 게이트를 동시에 접속했을 때 ∝의 저항값을 지시하면 양호한 것이다.

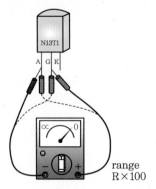

5-6　사이리스터(thyristor)

사이리스터는 하나의 스위치 작용을 하는 반도체로서 PN접합을 여러 개 적당히 결합한 소자이다. 주로 전력 제어용으로 사용되며, 대표적인 소자로 SCR과 트라이액이 있다.

(1) 실리콘 제어 정류기(SCR : silicon controlled rectifier)

SCR은 게이트 전극을 갖는 PNPN의 4층 다이오드로 구성되어 있으며, 반도체 스위칭 소자로 역내 전압이 높아 전력용 대전류 제어에 사용된다.

구조는 그림과 같으며, 이를 등가회로로 표현하면 NPN 트랜지스터와 PNP 트랜지스터의 컬렉터와 베이스가 서로 연결된 형태로 되어 있다.

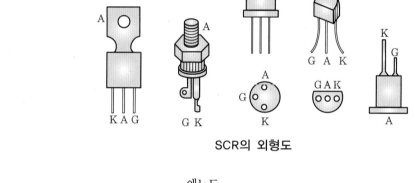

SCR의 외형도

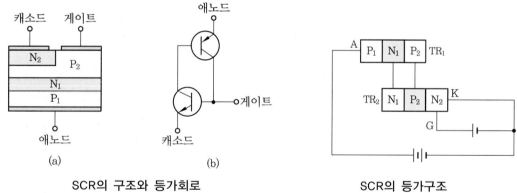

SCR의 구조와 등가회로　　　　　SCR의 등가구조

- **동작 원리**
    - ㈎ 게이트에 전압을 공급하지 않고 애노드에 +, 캐소드에 − 의 전압을 가하면 P_1, N_1과 P_2, N_2 전극은 순방향 전압이 걸리나 N_1, P_2 전극은 역방향 전압이 되어 애노드로부터 캐소드로 전류가 흐르지 못한다. 이때를 SCR의 순저지 상태라 한다.
    - ㈏ 게이트(P_2)에 + 전압을 가하면 NPN 트랜지스터의 바이어스 전압으로 가해져 도통 상태가 되며, 이때 흐르는 컬렉터 전류가 PNP 트랜지스터의 바이어스 전압이 되어 PNP 트랜지스터도 도통하여 애노드로부터 캐소드로 급격히 전류가 흐른다.

㈐ 애노드와 캐소드가 도통 상태가 되면 SCR 내부의 포화전류에 의해 게이트 전압을
　　제거하더라도 도통 상태를 유지한다. 이를 SCR의 holding 상태라 한다.

㈑ SCR은 한쪽 방향으로만 스위치 특성을 가지므로 단방향성 제어소자라 한다.

SCR은 교류에서는 전류 제어 특성을 가지고 직류에서는 스위칭 작용만 한다. SCR을
도통 상태에서 차단시키는 방법은 애노드로 흐르는 전류를 차단하거나 애노드 전류를
holding 전류 이하로 낮추거나 역전압을 공급하여 차단시킨다.

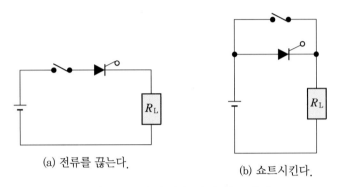

(a) 전류를 끊는다.　　　　　　　　(b) 쇼트시킨다.

SCR을 도통 상태에서 차단하는 방법

 SCR의 극성 및 양부 측정

테스터를 저항단자(R×1)에 놓고 각 전극 간의 순방향 전압을 측정하면 저항값이 0 Ω 가까이 되는 두
단자가 있다.
이 두 단자가 캐소드와 게이트가 되는데, 흑색 리드봉이 접속된 전극이 게이트가 되고 적색 리드봉이 접
속된 전극이 캐소드가 되며 나머지 전극은 애노드가 된다.
이렇게 전극을 확인한 다음 흑색 리드봉을 애노드에 접속하고 적색 리드봉을 캐소드에 접속한 다음, 애
노드에 접속된 흑색 리드봉을 게이트 전극에 접촉하면 0 Ω 가까이 순방향 저항값을 지시한다. 애노드와
게이트에 접촉된 흑색 리드봉을 애노드 전극에 접촉한 상태에서 게이트 전극으로부터 분리하더라도 순
방향 저항값을 지시하면(holding 상태) 이 SCR은 정상이다.

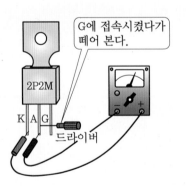

(2) 트라이액(TRIAC : TRIode AC switch)

2개의 SCR을 역병렬로 접속한 형태로 + 또는 − 게이트 신호에 의해 전원의 정방향 또는 역방향으로 턴 온이 가능하므로 쌍방향성 전력 제어 소자이다.

■ 구조

㈎ NPNPN의 5층형 구조이지만 왼쪽 절반은 T_2를 양극으로 한 PNPN 구조의 사이리스터(thyristor)로 구성되어 있다. 전극은 T_1, T_2, 게이트로 되어 있으며 기준 전극은 사이리스터의 캐소드에 해당하는 T_1 전극이다. 게이트에 +, − 양방향의 어떤 신호라도 인가하면 트리거되어 T_1과 T_2 사이가 도통된다.

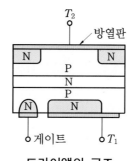

트라이액의 구조

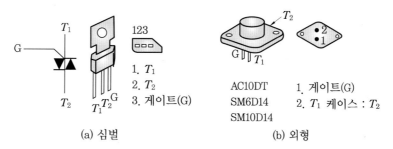

(a) 심벌   (b) 외형

트라이액의 심벌과 외형도

트라이액의 게이트 감도는 T_1에 "−", T_2에 "+", 그리고 게이트에 T_1보다 높은 전압을 인가했을 때 감도가 가장 좋다.

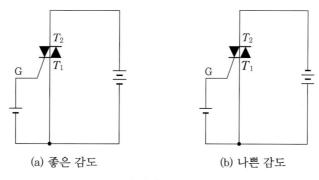

(a) 좋은 감도   (b) 나쁜 감도

트라이액의 접속법

트라이액의 극성 및 양부 측정

테스터를 저항단자(R×1)에 놓고 게이트와 T_1 간에 리드봉을 접속시키면 극성에 관계없이 저항값이 15~20 Ω 정도를 지시한다.

일반적으로 게이트는 실물에 표시되어 있으며 방열판과 접속되어 있는 단자는 T_2 전극이다. T_1과 T_2에 각각 테스터의 적색 리드봉과 흑색 리드봉을 접속하면 저항값은 무한대를 지시하며, 그 상태에서 게이트에 "+" 전압을 인가하면 T_1과 T_2 사이가 도통 상태가 되며 게이트 전압을 제거하더라도 도통 상태는 그대로 유지된다(holding). 반대로 리드봉을 접속하고 같은 방법으로 해도 도통한다.

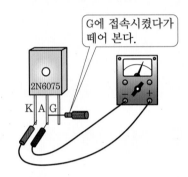

(3) 게이트 턴 오프 사이리스터(GTO 사이리스터)

GTO(gate turn off) 사이리스터는 게이트에서 캐소드의 순방향으로 전류를 흘리면 OFF 상태에서 ON 상태가 되고, 캐소드에서 게이트의 역방향으로 전류를 흘리면 ON 상태에서 OFF 상태로 돌아가는 자기소호 기능을 가진 스위칭 소자이다.

① 구조 : 양호한 턴 오프(turn off) 특성을 얻기 위해 N_E가 다수의 단자로 구성되며 역저지 상태, OFF 상태, ON 상태는 일반 사이리스터와 같다.

GTO   GTO 기호

② turn off 동작 : ON 상태에 있는 GTO의 게이트·캐소드 간에 역방향 전압을 인가하여 역방향 전류를 흘리면 PN접합 애노드(A)는 역바이어스되고, 애노드 전류는 게이트에 흡수되어 감소하며 ON 상태를 유지할 수 없게 된다. 이때 캐소드에 대해 애노드가 플러스인 전압이 인가되고 PN접합 캐소드(K)가 역바이어스되어 GTO는 OFF 상태가 된다.

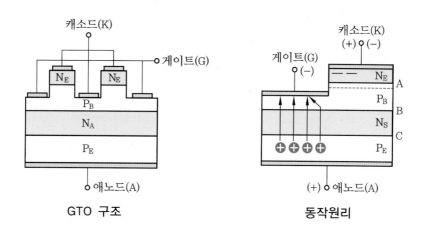

GTO 구조　　　　　　　동작원리

③ 특징 : GTO 사이리스터는 자기소호 기능을 가지며, 서지 내압이 크고 고전압, 대전류에 사용 가능하다.

(4) 광 SCR

광 SCR은 트리거할 때 게이트에 전기신호를 인가하지 않고 근적외선광이 공핍 영역에 조사됨에 따라 ON 상태가 된다. 공급된 신호가 전기가 아닌 빛인 것 이외에는 일반 SCR과 구조 및 동작원리가 같다.

① ON 상태 : OFF 상태에 있는 사이리스터에 근적외선 광이 공핍 영역 및 그 근방에서 전자 정공대가 발생하고 전자는 N_B에, 정공은 P_B에 생성된다.

P_B에 생성된 정공이 P_B에서 N_E로 주입됨과 동시에 전자가 N_E에서 P_B로 주입되어 N_B에 모아진다.

이후는 사이리스터의 ON 상태와 같은 사이클이 반복되고, 광 SCR은 ON 상태가 된다.

② 특징 : 게이트 신호 전송부의 전기 절연 구성이 용이하며, 트리거 시 전기잡음의 영향이 작다. 주로 직류 송전용 변환장치나 무효 전력 보상장치에 사용된다.

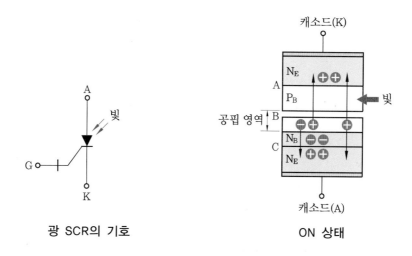

광 SCR의 기호　　　　　　　ON 상태

5-7 기타 여러 소자

(1) 반도체 레이저(LD)

반도체 레이저는 레이저 다이오드(laser diode)라 하며 레이저 유도방출에 의해 빛을 증폭시키는 소자이다.

반도체 레이저의 외관

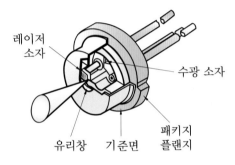

반도체 레이저의 패키지 구조

① 동작 원리 : 반도체 레이저는 LED와 마찬가지로 PN 접합으로 되어 있다. 그러나 반도체 레이저는 폭이 수 μm에서 $10\,\mu$m 정도의 협소한 스트라이프 모양의 영역에 주입되어 전류가 집중하는 것과 같은 구조로 되어 있으며, 이 영역 내에서 전자와 정공이 재결합하여 발광한다.

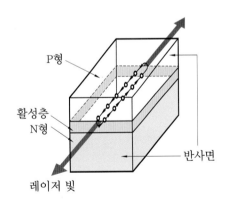

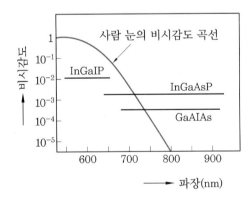

반도체 레이저의 동작 원리와 특성 곡선

② 특징 : 반도체 레이저는 유도방출이라 불리는 발광 과정이 주체가 되기 때문에 파장이나 위상이 깨끗하게 정렬되어진 일관된 빛이 얻어진다. 이 때문에 지향성이나 에너지 집중성이 얻어진다.

결정의 종류와 발진파장 및 용도

결정의 종류	발진파장 영역	사용 영역	응용 분야
InGaAlP	$0.63 \sim 0.69 \mu m$	가시광선	바코드 리더, 광원계측, 레이저 프린터 등
GaAlAs	$0.75 \sim 0.88 \mu m$	근적외선	레이저 빔 프린터, 광디스크
InGaAsP	$1.3 \sim 1.5 \mu m$	적외선	광통신

(2) 서미스터(Th : thermistor)

온도의 변화에 따라 저항값이 변화하는 반도체의 성질을 이용한 감온 소자를 서미스터라 한다.

서미스터는 니켈(Ni), 망간(Mn), 코발트(Co), 구리(Cu), 철(Fe) 등의 산화물 중에서 2~4가지의 성분을 골라 잘 섞은 후 공기 중에서 1200~1400℃의 온도로 소결한 다음 천천히 냉각시켜 만든다. 온도가 1℃ 상승할 때 저항값이 4~5 % 정도 감소되는 특성이 있다.

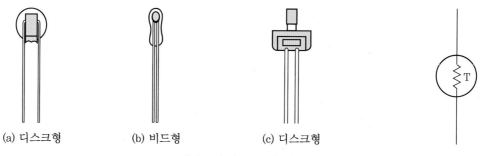

(a) 디스크형   (b) 비드형   (c) 디스크형

서미스터의 구조와 기호

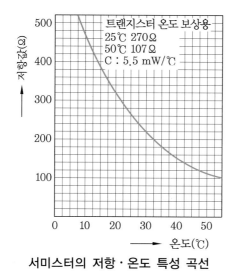

서미스터의 저항·온도 특성 곡선

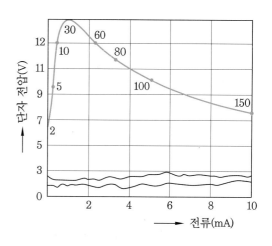

서미스터의 전압·전류 특성 곡선

① 구조 : 서미스터에는 **직열형과 방열형 서미스터**가 있는데, 직열형 서미스터는 자체에 흐르는 전류에 의해 가열되어 저항값이 변화하는 것을 이용한 것이다.

방열형 서미스터는 히터에 전류를 흘려서 가열된 감온부의 정한 변화를 이용한 것이다. 소자의 형상에서 로드형, 디스크형, 와셔형, 비드형 등으로 구분된다.

② 용도 : 서미스터는 온도 검출 및 조정, 트랜지스터 회로의 온도보상, 자동 진폭 조정, 자동 이득 조정회로에 주로 사용된다.

(3) 배리스터(varistor)

배리스터는 전압에 의해 저항값이 크게 변화하는 가변저항 소자로 variable resistor의 합성어이다.

① 구조 : 탄화규소를 주원료로 한 분말에 탄소나 황토 등을 혼합(3 : 2)하여 소결한 구조의 반도체로 되어 있다. 전압-전류 특성이 대칭인지 비대칭인지에 따라 대칭 배리스터, 비대칭 배리스터로 사용할 수 있다.

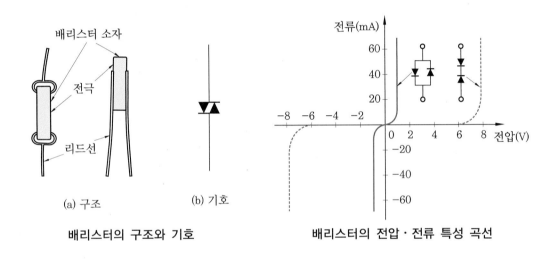

배리스터의 구조와 기호　　　　**배리스터의 전압·전류 특성 곡선**

② 용도 : 대칭형 배리스터는 전압의 변화에 따라 전류가 비직선적으로 변화하기 때문에 릴레이 접점의 불꽃 소거, 이상 전압 보호 회로 등에 사용된다. 비대칭형 배리스터는 실리콘이나 게르마늄의 PN접합으로 되어 있는 다이오드로, 트랜지스터의 온도 보상 회로 등에 사용된다.

(4) LED 디스플레이

LED 여러 개를 조합하여 숫자나 문자 등의 정보를 표현하게 만든 것으로 7-segment 디스플레이와 도트 매트릭스(dot matrix) 디스플레이가 있다.

① 7-segment 디스플레이 : 7-segment는 가늘고 긴 모양의 발광부분을 가진 LED 7개를 결합하여 8자형으로 배열한 것으로, 8자형의 각 LED를 선택하여 점멸시킴으로써 0~9 까지 또는 16진수의 경우 0~15까지 표시할 수 있도록 한 소자이다.

전원 접속으로 구분하면 공통 애노드(CA : common anode)와 공통 캐소드(CC : common cathode) 타입이 있다.

다음 그림은 7-segment 디스플레이의 외형과 소자 구성 및 여러 종류의 내부 회로 접속을 나타낸 것이다.

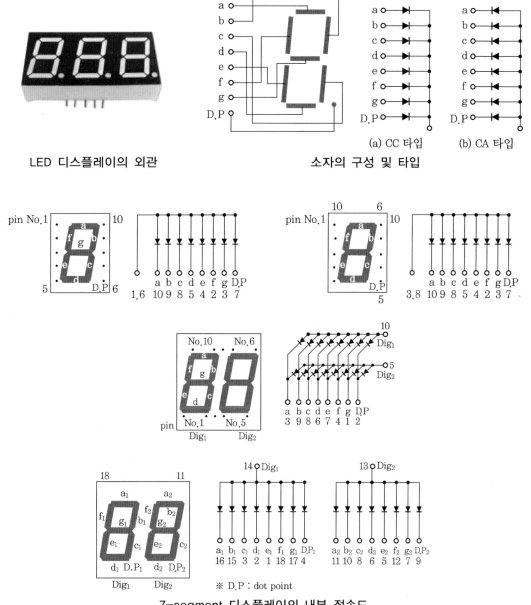

LED 디스플레이의 외관　　소자의 구성 및 타입

(a) CC 타입　　(b) CA 타입

7-segment 디스플레이의 내부 접속도

※ D.P : dot point

② 7-segment 디스플레이 표시법 : 7-segment LED를 사용하여 디스플레이 하려면 표시하는 원래의 숫자를 2진수로 바꿔 주는 디코더(decoder) 작용을 이용한다.

이렇게 2진수로 바뀐 신호를 다시 7-segment 디코더로 변환하여 표시하게 한다. 그림은 다이오드 매트릭스를 이용한 표시법과 디코더용 TTL IC를 사용한 방법을 나타낸 것이다.

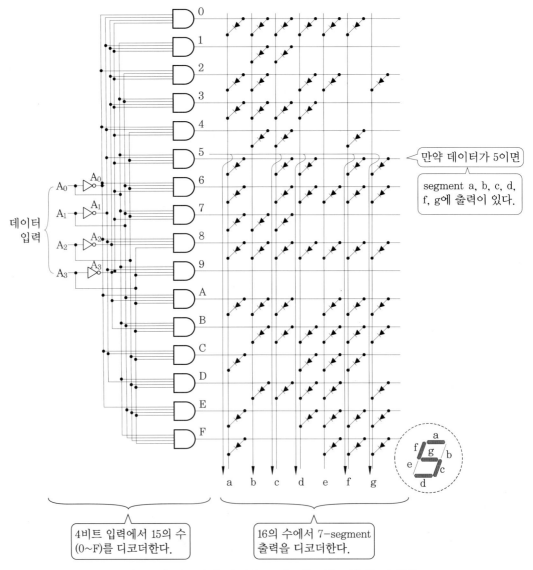

7-segment 디스플레이를 이용한 정보 표시

2진-10진 디코더와 다이오드 매트릭스를 이용한 표시법

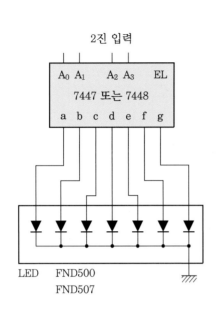

2진 입력				입 력	출 력
A_3	A_2	A_1	A_0	16진수	gfedcba
0	0	0	0	0	0111111
0	0	0	1	1	0000110
0	0	1	0	2	1011011
0	0	1	1	3	1001111
0	1	0	0	4	1100110
0	1	0	1	5	1101101
0	1	1	0	6	1111101
0	1	1	1	7	0100111
1	0	0	0	8	1111111
1	0	0	1	9	1101111
1	0	1	0	10	1110111
1	0	1	1	11	1111100
1	1	0	0	12	0111001
1	1	0	1	13	1011110
1	1	1	0	14	1111001
1	1	1	1	15	1110001

디코더 IC를 사용한 표시법

② 도트 매트릭스 디스플레이 : 도트 매트릭스(dot matrix)란 점(dot)과 행렬(matrix)로 구성되었다는 뜻으로, LED를 가로 및 세로로 배열한 것이다.

다음은 5×7, 즉 가로 5개, 세로 7개, 총 35개의 LED를 같은 간격으로 배열한 형태이며, 종류에는 5×7 dot, 7×10 dot, 8×8 dot, 16×16 dot, 16×32 dot 등이 있다.

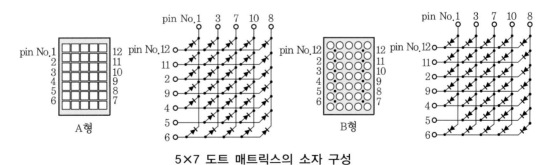

5×7 도트 매트릭스의 소자 구성

도트 매트릭스는 각형과 원형이 있으며, 각형보다는 원형이 시각적으로 더 효과적이다. 또한 LED를 dual color로 하여 전압의 변화 및 신호 입력단자의 선택에 따라 여러가지 색깔이 표시되도록 한 형태도 있다.

- 도트 매트릭스 점등방법 : 도트 매트릭스를 모두 점등하려면 35개의 접속단자가 필요한데, 이는 너무 복잡하므로 배선을 단순하게 하여 점등되도록 한다.

  가로 5개가 각각 애노드를 공통으로 하고 세로 7개가 각각 캐소드를 공통으로 접속하여 별도의 컨트롤 회로를 그림과 같이 접속하여 사용한다.

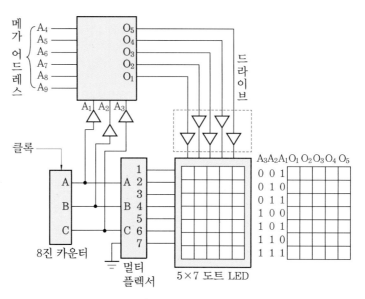

도트 매트릭스의 표시 회로

도트 매트릭스의 응용

$A_9A_8A_7A_6A_5A_4$	XXX000	XXX001	XXX010	XXX011	XXX100	XXX101	XXX110	XXX111
0 0 0 X X X	@	A	B	C	D	E	F	G
0 0 1 X X X	H	I	J	K	L	M	N	O
0 1 0 X X X	P	Q	R	S	T	U	V	W
0 1 1 X X X	X	Y	Z	[	\	]	↑	←
1 0 0 X X X		!	"	#	¤	%	&	"
1 0 1 X X X	(	)	※	+	‡	—	:	/
1 1 0 X X X	0	1	2	3	4	5	6	7
1 1 1 X X X	8	9	∷	⁑	<	=	>	?

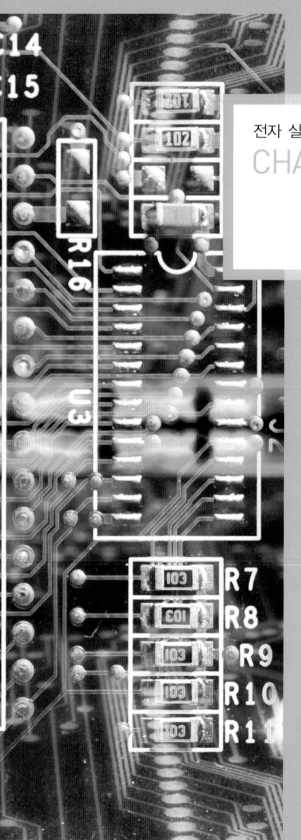

전자 실기 / 실습
CHAPTER

02

측정기
사용 방법

1 ● 회로 시험기(multi-circuit tester)

회로 시험기(multi-circuit tester)는 하나의 기기로 여러 가지 측정을 할 수 있는 측정기로, 멀티 미터(multi-meter) 또는 멀티 테스터(multi-tester)라고 한다.

직류·교류 전압, 직류전류, 저항, 트랜지스터의 극성 및 양부 판별, 데시벨 측정 등이 가능하다.

1-1 각 부위별 명칭

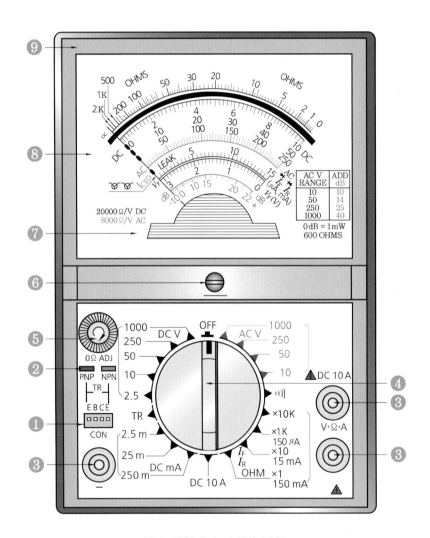

회로 시험기의 부위별 명칭

❶ 트랜지스터 검사 소켓 : 트랜지스터 검사 시 소켓에 표시된 극성에 시험할 트랜지스터의 극성을 맞추어 삽입한다.

❷ 트랜지스터 판정 지시 장치

   (가) 적색과 녹색 LED로 되어 있다.

   (나) 적색 LED가 켜지면 정상 PNP 트랜지스터이고, 녹색 LED가 켜지면 정상 NPN 트랜지스터이다.

   (다) 2개의 LED가 점멸되면 트랜지스터의 단선이고, 2개의 LED가 점멸되지 않으면 컬렉터 – 이미터 간의 단락이다.

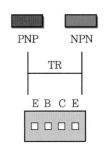

트랜지스터 판정 지시 장치

❸ 입력 소켓

   (가) COM : 흑색 시험봉 소켓으로 (−) 단자이다.

   (나) V·Ω·A : 적색 시험봉 소켓으로 (+) 단자이다.

   (다) DC 10 A : 적색 시험봉 소켓으로 (+) 단자이며 직류전류 10 A 이하 측정 시 사용한다.

❹ 레인지 선택 스위치(range select switch) : 측정범위를 선택하는 스위치로 20단계의 선택이 가능하다.

   (가) OFF : 회로 시험기 내의 전원 및 측정기능을 중지시킬 때 선택하는 위치이다.

   (나) DCV : 직류전압 측정범위의 선택 스위치로 2.5, 10, 50, 250, 1000 V를 측정할 수 있다.

   (다) TR : 트랜지스터의 극성 및 양부 판정 시 선택하는 스위치이다.

   (라) DC mA : 직류전류 측정범위의 선택 스위치로 2.5, 25, 250 mA를 측정할 수 있다.

   (마) DC A : 직류전류 10 A 측정범위의 선택 스위치로 적색 시험봉을 입력 소켓 DC 10 A에 바꿔서 삽입하고 측정해야 한다.

   (바) OHM : 저항 측정범위의 선택 스위치로 ×1, ×10, ×1 K, ×10 K를 측정할 수 있다.

   (사) ㅣㅣ)ㅣ : buzzer 기능을 나타내는 것으로, 도통 check 시 삐~ 하는 음으로 도통 유무를 확인할 수 있다.

   (아) AC V : 교류전압 측정범위의 선택 스위치로 10, 50, 250, 1000 V를 측정할 수 있다.

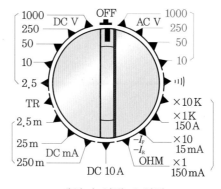

레인지 선택 스위치

❺ 0Ω ADJ("0"옴 조정기) : 저항 측정 시 저항 측정 눈금을 "0" 위치에 정확히 오도록 조정하는 조정기이다. 레인지 선택 스위치를 "OHM"의 각 위치에 놓은 후 적색, 흑색 두 시험봉의 탐침을 단락시키고 조정기를 좌우로 돌려 정확히 "0" 위치에 오도록 한다.

❻ 지침 0 위치 조정기 : 측정 전, 지침이 왼쪽 "0"점의 위치에 있는지 반드시 확인하고 필요시 (−) 드라이버를 사용하여 조정한다.

❼ 내장형 가동 코일형 미터 : 측정값에 따른 지침의 위치를 이동시키기 위한 장치이다.

❽ 눈금판

㈎ OHMS : 저항 측정 눈금. 눈금판의 맨 위에 위치, 0에서 ∝까지의 검은색 로그 눈금으로 되어 있다. 레인지 선택 스위치의 위치에 따라 읽는 값이 달라진다.

㈏ DC : 직류전압·전류 표시 눈금. 저항 눈금 아래에 위치, 0~10, 0~50, 0~250의 검은색 균등 눈금으로 되어 있다. 레인지 선택 스위치의 위치에 따라 읽는 값이 달라진다.

㈐ AC : 교류전압 표시 눈금. DC 눈금. 아래 위치, 0~10, 0~50, 0~250의 빨간색 균등 눈금으로 되어 있다. 레인지 선택 스위치의 위치에 따라 읽는 값이 달라진다.

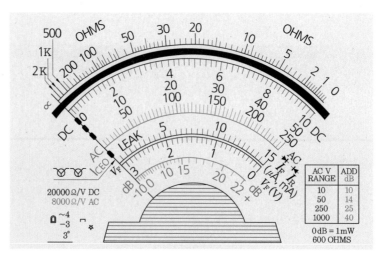

눈금판

1-2 측정 방법

 사용 시 주의사항

- 고압 측정 시 계측기 사용 안전규칙을 준수한다.
- 측정하기 전에 지침이 "0"점에 있는지 확인한다.
- 측정하기 전에 레인지 선택 스위치와 시험봉이 적정 위치에 있는지 확인한다.
- 측정 위치를 모르면 가장 높은 레인지에서부터 선택한다.
- 측정이 끝나면 피측정체의 전원을 끄고 반드시 레인지 선택 스위치를 OFF에 둔다.

(1) 직류전압 측정

① 흑색 시험봉을 COM (−) 입력 소켓에, 적색 시험봉을 V· Ω· A (+) 입력 소켓에 삽입하고 레인지 선택 스위치를 DC V 측정 레인지에 위치한다.

② 측정하려는 직류전원의 (+)에 적색 시험봉을, (−)에 흑색 시험봉의 탐침을 접촉한다.

③ 지침이 위치한 눈금판의 흑색 직류 전용 눈금선에서 지시값을 읽는다.

④ 10, 50, 250의 레인지 선택에서는 눈금판의 해당 눈금을 직접 읽는다. 2.5는 250눈금선을 100으로 나누고 1000은 10눈금선에 100을 곱한다.

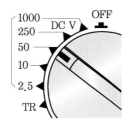

직류전압 측정

예 만일 지침이 "4"에 위치한다면 레인지 선택 스위치의 위치에 따라 DC V 2.5 위치에서는 0~250 스케일로 보면 100이 되므로, 이 지침의 값을 1/100로 하여 읽는다. 즉 눈금 스케일을 0~2.5로 인식하고 읽으면 된다. $100 \times 2.5 \times 1/100 = 1\,V$

- DC V 10 위치에서는 0~10 스케일로 보면 4가 되므로, 이 지침의 값을 그대로 읽는다.
  $4 \times 1 = 4\,V$
- DC V 50 위치에서는 0~50 스케일로 보면 20이 되므로, 이 지침의 값을 그대로 읽는다.
  $20 \times 1 = 20\,V$
- DC V 250 위치에서는 0~250 스케일로 보면 100이 되므로, 이 지침의 값을 그대로 읽는다.
  $100 \times 1 = 100\,V$
- DC V 1000 위치에서는 0~10 스케일로 보면 4가 되고, 이 지침의 값을 ×100로 하여 읽는다. 즉 눈금 스케일을 0~1000으로 인식하고 읽으면 된다.
  $4 \times 100 = 400\,V$

(2) 교류전압 측정

① 측정순서는 직류와 동일하나 레인지 선택 스위치는 AC V 측정 레인지에 놓는다.

② 측정하고자 하는 교류전원에 시험봉의 탐침을 접촉 또는 접속한다.

③ 눈금판의 적색 교류 전용 눈금선에서 지시값을 읽는다.

교류전압 측정

> **예** 만일 지침이 "4"에 위치한다면 레인지 선택 스위치의 위치에 따라 – AC 10 위치에서는 0~10 스케일로 보면 4가 되므로, 이 지침의 값을 그대로 읽는다. 즉 눈금 스케일을 0~10으로 인식하고 읽으면 된다.
> - 4 × 1 = 4 V

> **주의**
>
> 교류 측정 시 교류 레인지에서 직류분이 유입될 수 있으므로 순수 교류분인지 확인하기 위해 입력단자와 시험선 간에 콘덴서를 삽입시켜 직류분을 배제함으로써 순수 교류의 유무를 확인할 수 있다.

(3) 데시벨(dB) 측정

① 교류전압 측정 레인지에서 전력 손실 및 이득분을 측정할 수 있다.

② 데시벨(dB) $= 10 \log \dfrac{POWER_1}{POWER_2}$ 또는 $20 \log \dfrac{E_1}{E_2}$ ($R_1 = R_2$ 일 때)

③ 측정기는 1 mV 600 Ω 0 dB로 교정되어 있으므로 $20 \log \dfrac{E_1(지시값)}{0.774V}$ dB

600 OHM에서 측정되는 E_1 전압을 각 교류전압 레인지에서 읽으면 눈금선은 교정된 dB 지시값을 직접 측정할 수 있다. 이 dB 눈금선은 교류 10 V에서만 직접 측정할 수 있으며 다른 교류 레인지에서는 다음 표를 이용하여 지시값에서 더한다.

데시벨(dB) 측정

교류전압	데시벨
10 V	눈금판에서 직접 읽음
50 V	+14 dB
250 V	+28 dB
1000 V	+40 dB

(4) 저항 측정

① 레인지 선택 스위치를 OHM 측정 레인지에 놓는다.

② 흑색 시험봉을 COM (−) 입력 소켓에, 적색 시험봉을 V·Ω·A (+) 입력 소켓에 삽입한다.

③ 시험봉의 탐침을 상호 접촉시켜 지침이 저항 눈금선의 "0"에 정확히 오도록 0 Ω ADJ ("0"옴 조정기)를 조정한다.

④ 측정하고자 하는 저항값을 시험봉에 접촉 또는 접속시켜 저항값을 읽는다. 이때 선택된 저항 레인지에 표기된 수치만큼 지시값에 곱한다.

$$측정값 = 지침의 위치 \times 레인지 선택 스위치의 값$$

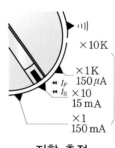

저항 측정

> **주의**
>
> 저항 측정 시 측정회로에 전원이 투입된 상태에서 측정을 하면 계기가 파손 또는 소손될 수 있다.

예 만일 지침이 OHMS "20"에 위치한다면 레인지 선택 스위치의 위치에 따라 다음과 같다.
- 20×1 = 20 Ω
- 20×10 = 200 Ω
- 20×1 K = 20 kΩ
- 20×10 K = 200 kΩ

참고 0 Ω ADJ를 시계 방향으로 돌려도 "0" 눈금에 오지 않으면 저항 측정용 건전지 수명이 다된 것이므로 ×1, ×10, ×1 K에서는 1.5 V 건전지 2개를, ×10 K에서는 9 V 건전지 1개를 교체한다.

(5) 직류전류 측정

① 흑색 시험봉을 COM (−) 입력 소켓에, 적색 시험봉을 V·Ω·A (+) 입력 소켓에 삽입한다.

② 레인지 선택 스위치를 DC mA 측정 레인지에 위치한다.

③ 측정하고자 하는 곳의 전원을 차단하고 측정기와 직렬로 연결한다.

④ 이때 지침이 위치한 눈금판의 흑색 직류 전용 눈금선에서 지시값을 읽는다.

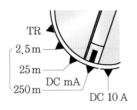

저항 측정

주의

시험봉을 전원 또는 전압이 있는 피측정체에 반드시 직렬로 연결하여 측정한다.

예 직류전류의 경우

만일 지침이 "4"에 위치한다면 레인지 선택 스위치의 위치에 따라 — DC mA 2.5 위치에서는 0~250 스케일로 보면 100이 되므로, 이 지침의 값을 1/100로 하여 읽는다. 즉 눈금 스케일을 0~2.5로 인식하고 읽으면 된다.

- DC mA 2.5에 위치했을 때 : 100×1/100 = 1 mA
- DC mA 25에 위치했을 때 : 100×1/10 = 10 mA
- DC mA 250에 위치했을 때 : 100×1 = 100 mA

(6) DC 10A 측정

① 흑색 시험봉을 COM (−) 입력 소켓에 삽입하고 적색 시험봉을 DC 10 A (+) 입력 소켓에 삽입한다.

② 레인지 선택 스위치를 10 A에 놓는다.

이하 직류전류 측정방식에 따라 행한다.

(7) 트랜지스터 양부 판정 및 극성 측정

① 레인지 선택 스위치를 TR에 놓는다.

② 시험할 트랜지스터를 TR 소켓의 이미터(E), 베이스(B), 컬렉터(C)의 극성에 맞추어 삽입한다.

③ LED가 작동되기 시작하면 다음 사항을 보고 판독한다.

㈎ 적색 LED가 켜지면 정상 PNP 트랜지스터이다.

㈏ 녹색 LED가 켜지면 정상 NPN 트랜지스터이다.

㈐ 적색, 녹색 LED가 점멸되면 측정 트랜지스터가 개방된 불량이다.

㈑ 적색, 녹색 LED가 꺼진 상태면 트랜지스터가 단락된 불량이다.

(8) 다이오드 및 LED 극성 및 양부 측정

① 흑색 시험봉을 COM (−) 입력 소켓에, 적색 시험봉을 V·Ω·A (+) 입력 소켓에 삽입한다.

② 레인지 선택 스위치를 OHMS 레인지의 ×1 K(0~150 μA 또는 ×10(0~15 mA)에 위치한다.

③ 흑색 시험봉의 탐침을 다이오드의 애노드에, 적색 시험봉의 탐침을 다이오드의 캐소드에 접속시켜 다이오드의 순방향 전류(I_F)를 I_F, I_F 눈금판에서 판독한다.

> **참고** 최대 지시값에 가까운 지시이면 양품이다.

④ 적색 시험봉의 탐침을 다이오드의 애노드에, 흑색 시험봉의 탐침을 다이오드의 캐소드에 접속시켜 다이오드의 역방향 전류(I_R)를 I_F, I_R 눈금판에서 판독한다.

> **참고** 왼쪽 지침이 "0"점에 가까우면 양품이다.

⑤ 순방향 전류(I_F) 판독 시 눈금판의 V_F 눈금을 동시에 판독하면 바로 시험 다이오드의 순방향 전압을 알 수 있다.

> **참고** 일반적으로 게르마늄 다이오드는 0.1~0.2 V, 실리콘 다이오드는 0.5~0.8 V를 지시한다.

(9) 트랜지스터의 누설전류 측정

① 레인지 선택 스위치가 중소형 트랜지스터일 경우 저항 레인지의 ×10에, 대형 트랜지스터일 경우 ×1에 둔다.

② 트랜지스터가 NPN인 경우 COM (−)에 삽입된 흑색 시험봉에 컬렉터를, V·Ω·A (+)에 삽입된 적색 시험봉에 이미터를 연결한다.
PNP일 경우 COM (−)에 삽입된 흑색 시험봉에 이미터를, V·Ω·A (+)에 삽입된 적색 시험봉에 컬렉터를 연결한다.

③ 눈금판의 I_{CEO} 눈금선에 지침이 올 때 Si 트랜지스터인 경우에는 정상이다.

④ Ge 트랜지스터는 소형은 0.1~2 mA를, 대형은 1~5 mA의 누설전류를 지시한다.

2 ─● 오실로스코프(oscilloscope)

　오실로스코프는 매우 유용한 전자 측정장치로, 미지 입력신호의 세기 시간의 정확한 측정 및 파형 간의 시간 관계를 스크린 상에 나타내며 전원부, 수직축 증폭부, 수평축 증폭부, 시간축 발진부, CRT(cathode ray tube) 등으로 구성되어 있다.

　소인 발진기(sweep generator)나 마커 발진기(maker generator), 함수 발진기(function generator) 등과 조합하여 전자회로의 동작 파형의 측정, 조정, 고장 점검에 사용한다.

2-1　각 부위별 명칭

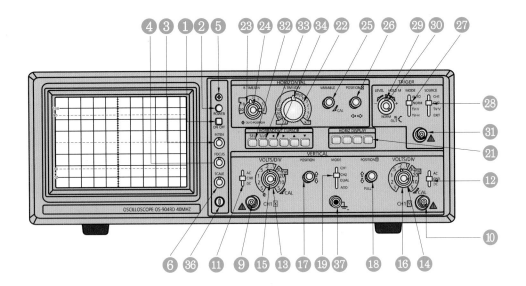

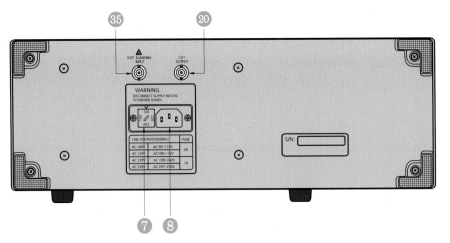

오실로스코프의 각 부위별 명칭

(1) 화면조정과 전원부

❶ POWER(전원) 스위치 : 오실로스코프를 동작하기 위한 전원 입력 스위치이다.

❷ POWER(전원) 램프 : 시계 방향으로 돌리면 밝기가 증가한다.

❸ INTENSITY(휘도 조정) : CRT의 밝기(휘도)를 조절한다.

❹ FOCUS(초점 조정) : 소인선이 가장 가늘고 선명하도록 조정한다.

❺ TRACE ROTATION : 소인선이 CRT의 수평선과 일치하도록 조정한다.

❻ SCALE ILLUM(눈금 조명) : 눈금의 밝기를 조절하며 어두운 곳에서 관측할 때나 화면의 사진촬영을 할 때 사용한다.

❼ 전압 선택 스위치 : 사용 전원에 맞도록 선택하여 사용한다.

❽ 전원 커넥터 : AC전원 코드를 사용할 때 연결과 제거를 한다.

(2) 수직 증폭부

❾ CH1 X IN(CH1 입력) : 프로브(probe)를 통한 입력 신호를 CH1 수직 증폭부로 연결하며, X-Y 동작 시 X축 신호가 된다.

❿ CH2 Y IN (CH2 입력) : 프로브(probe)를 통한 입력 신호를 CH2 수직 증폭부로 연결하며, X-Y 동작 시 Y축 신호가 된다.

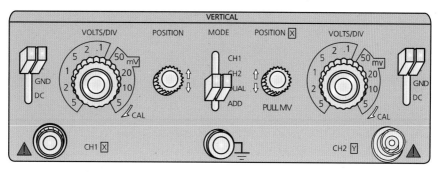

수직 증폭부

⑪, ⑫ 입력 선택 스위치 : 입력 신호와 수직 증폭단의 연결방법을 선택할 때 사용한다.

　㉮ AC : 입력 커넥터와 수직 증폭기 사이에 커패시터가 있어 신호의 DC 성분을 차단하여 교류 신호를 측정한다.

　㉯ GND : 수직 증폭기의 입력단을 접지시킴으로써 GND가 기준 소인선이 된다.

　㉰ DC : 입력 커넥터와 수직 증폭기 사이를 직접 연결하여 신호의 DC 성분까지 측정한다.

⑬, ⑭ VOLTS/DIV(감도) : 수직편향 감도를 선택하는 입력측 감쇠기로 1칸 당 감도로 표시된다(V/cm).

⑮, ⑯ VARIABLE(가변) : 수직편향 감도를 연속적으로 변화할 때 사용하는 미세 조정기로

반시계 방향으로 완전히 돌리면 감쇄비는 지시값의 1/2.5 이하가 된다. 손잡이를 당기면 수직축 감도는 5배가 되며, 이때 최대 감도는 1 mV/DIV이다. 일반적으로 시계 방향으로 최대인 위치(CAL)에 놓고 사용한다.

⑰, ⑱ POSITION(위치 조정) : 파형의 위치를 수직 방향으로 변화시켜 알맞게 조정한다.

⑲ V. MODE : 수직축에 표시 형태를 선택할 때 사용한다.

　㈎ CH1 : CH1에 입력된 신호만을 CRT상에 나타낸다.

　㈏ CH2 : CH2에 입력된 신호만을 CRT상에 나타낸다.

　㈐ DUAL : CH1과 CH2에 입력된 두 신호를 동시에 CRT상에 나타낸다.

　　• CHOP : TIME / DIV 0.2 S~5 mS

　　• ALT : TIME / DIV 2 mS~0.2 μS

　㈑ ADD : CH1과 CH2에 휘선이 대수합으로 나타난다.

⑳ CH1 OUT 커넥터 : CH1에 입력된 신호의 일부를 증폭하여 주파수 카운터나 기타 장비로 공급하는 단자이다.

(3) 소인과 동기부

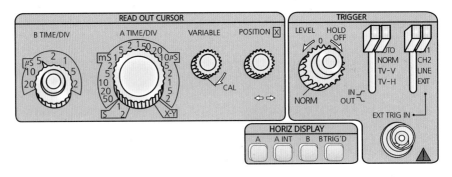

소인과 동기부

㉑ HORIZONTAL DISPLAY : 소인 형태를 선택한다.

　㈎ A : A소인만 나타난다. 일반적인 설정단이다.

　㈏ A INT : A소인까지만 휘도 변조에 의해 B소인에 대한 부분이 밝게 나타난다.

　㈐ B : 휘도 변조된 부분이 확대되어 화면 전체에 나타난다.

　㈑ B TRIG'D : 지연 소인이 첫 번째 동기 펄스에 의해 동기된다.

㉒ A TIME / DIV : 교정된 주 시간 간격, 지연 소인 동작을 위한 지연 시간, X – Y 동작을 선택할 수 있다.

㉓ B TIME / DIV : 교정된 지연 B시간축의 소인 시간을 선택한다.

㉔ DELAY TIME POSITION : A소인에 B소인을 선택한 경우 정확한 시작점을 맞추는 데 사용한다.

㉕ A VARIABLE : 교정된 위치로부터 A소인 시간을 연속적으로 변화시키는 데 사용한다.

　　• PULL×10MAG : 스위치를 당기면 소인 시간이 10배로 확대된다. 이때 소인 시간은 TIME / DIV 지시값의 1/10이 된다.

　　또한 수평축 위치를 조정하여 확대시킬 부분을 수직축 중앙 눈금선과 맞추고 ×10MAG 스위치를 당기면 중앙을 중심으로 좌우 확대된 파형이 나타난다. 이때 소인 시간은 TIME / DIV 지시값의 1/10이 된다.

㉖ 수평축 POSITION : 수평 위치 조정에 사용되며 파형의 시간 측정과는 독립적으로 사용된다. 손잡이를 시계 방향으로 돌리면 우측으로 이동하고 반시계 방향으로 돌리면 좌측으로 이동한다.

㉗ TRIGGER MODE : 소인 동기 형태를 선택한다.

　㈎ AUTO : 소인은 자동적으로 발생한다. 동기 신호가 있을 때에는 정상적으로 동기된 소인이 얻어지고 파형이 정지한다. 신호가 없거나 동기가 안 된 경우에도 소인은 자동적으로 발생한다.

　㈏ NORM : 동기된 소인을 얻을 수 있으나 동기 신호가 없거나 동기가 안 되면 소인은 발생하지 않는다. 낮은 주파수(약 25 Hz 이하)에서 효과적으로 동기시키고자 할 때 유효하다.

　㈐ TV−V : 프레임 단위의 비디오 합성 신호를 측정할 때 사용한다.

　㈑ TV−H : 주사선 단위의 비디오 합성 신호를 측정할 때 사용한다.

㉘ 동기 TRIGGER SOURCE : TRIGGER SOURCE의 편리한 부분을 선택할 수 있다.

　㈎ CH1 : CH1에 신호가 있을 때 TRIGGER SOURCE로 CH1을 선택할 수 있다.

　㈏ CH2 : CH2에 신호가 있을 때 TRIGGER SOURCE로 CH2를 선택할 수 있다.

　㈐ LINE : AC전원의 주파수가 동기되는 신호를 관측할 때 사용한다. 측정신호가 포함되는 전원에 의한 성분을 안정하게 측정할 수 있다.

　㈑ EXT : 외부 신호가 동기 신호원이 된다. 수직축 신호의 크기와 관계없이 동기시킬 때 사용한다.

㉙ HOLD OFF : 주 소인의 HOLD OFF 시간을 변경시킴으로써 복잡한 신호를 확실하게 동기시킨다. 소인 시간을 늘려서 고주파 신호나 불규칙한 신호 또는 DIGITAL 신호 등의 복잡한 신호를 TRIGGER 시키는 데 유효하다.

안정된 동기를 위해 서서히 조정하는데 일반적으로 완전히 반시계 방향으로 돌려놓고 사용한다.

㉚ TRIG LEVEL : 동기 신호의 시작점을 선택한다. 손잡이를 시계 방향으로 회전시키면 동기되는 시작점이 + 최곳값 쪽으로 움직이고, 반대로 돌리면 시작점이 − 최곳값 쪽으로 움직인다.

- 동기 SLOPE : 초기 소인의 동기 SLOPE 선택을 위해 사용한다. 누름 상태에서는 + SLOPE이고 당긴 상태에서는 − SLOPE이다.

③ EXT TRIG IN : 외부 동기 신호를 TRIGGER 회로에 연결할 때 사용한다.

(4) READ OUT

READ OUT

③ SEL : 이 스위치는 CURSOR 선택 모드 기능으로 REF CURSOR(×)와 △ CURSOR (+)를 변환시킨다. 선택된 CURSOR는 다른 COUSOR보다 밝게 빛난다.

③ 1/△T : 이 스위치는 △T, 1/△T의 모드를 전환시킨다.

③ ◀, ▶, ▲, ▼ : CURSOR를 상, 하, 좌, 우로 이동시킨다.

③, ③ ON/OFF : 두 스위치를 동시에 누르면 READ OUT 문자가 사라지고, 다시 동시에 누르면 READ OUT 문자가 나타난다.

(5) 기타

③ EXT BLANKING INPUT 커넥터 : CRT 휘도 변조를 위해 신호를 입력하는 단자로, + 신호를 입력하면 휘도가 감소하고 − 신호를 입력하면 휘도가 증가한다.

③ CAL 단자 : PROBE 보정과 수직 증폭기 교정을 위한 구형파(0.5 V 1kHz)를 출력한다.

③ GROUND 커넥터 : 접지 연결단자이다.

2-2 기본 측정

(1) 측정 신호 연결 방법

 PROBE를 사용하는 방법

회로상에서 측정할 때에는 PROBE를 사용하는 것이 가장 좋다. PROBE에는 1×(직접 연결) 위치와 10×
(감쇄) 위치가 있는데, 10× 위치에서는 오실로스코프 PROBE의 입력 임피던스가 증가되어 입력 신호가
1/10로 감쇄되므로 측정단위(VOLTS/DIV)를 10배로 곱해야 한다.
예 50 mV/DIV에서는 50 mV×10 = 0.5 V가 된다.

오실로스코프의 PROBE도 역시 SHIELD된 선을 사용하므로 잡음을 방지할 수 있다. 동
축 케이블을 사용하여 측정하고자 할 때에는 신호원의 임피던스 최고 주파수, 케이블의
용량 등을 정확히 알아야 한다. 이러한 것들을 알 수 없을 때에는 10×의 PROBE를 사용
하는 것이 좋다.

(2) 초기 동작 시 조정

측정을 시작하기 전에 다음 순서에 따라 초기 동작을 조정한다.
① 조정 손잡이는 다음과 같이 설정한다.

- POWER 스위치[❶] : OFF(나온 상태)
- INTEN[❸] : 완전히 반시계 방향
- FOCUS[❹] : 중앙
- AC − GND − DC[⓫, ⓬] : AC
- VOLT/DIV[⓭, ⓮] : 20 mV
- 수직 POSITION[⓱, ⓲] : 누른 상태에서 중앙에 위치
- VARIABLE[⓯, ⓰] : 누른 상태에서 완전히 시계 방향
- V. MODE[⓳] : CH1
- TIME/DIV[㉒] : 0.5 mS
- TIME VARIABLE[㉕] : 누른 상태에서 완전히 시계 방향
- 수평 POSITION[㉖] : 중앙
- TRIGGER MODE[㉗] : AUTO
- TRIGGER SOURCE[㉘] : CH1
- TRIGGER LEVEL[㉚] : 중앙
- HOLD OFF[㉙] : NORM(최대 반시계 방향)

② 전원 코드를 전원 커넥터[8]에 연결한다.

③ POWER 스위치[1]를 누르면 POWER 램프[2]가 켜지고 약 30초 후에 INTEN[3]
을 시계 방향으로 돌리면 휘선이 나타난다.
관찰하기 적당한 밝기로 조절한다.

> **주의**
>
> CRT 내부에는 방연 재료가 사용되었지만 너무 밝은 점이나 휘선이 나온 상태로 장시간 방치하면 CRT
> 화면이 손상될 수 있으므로 특별히 밝은 휘도를 요하는 측정 후에는 밝기를 줄인다. 또한 측정을 하지
> 않을 경우에는 휘도를 어둡게 줄여 놓는 것이 좋다.

④ FOCUS[4]를 가장 가늘고 선명한 상태가 되도록 조정한다.

⑤ CH1 POSITION[17]을 돌려 휘선이 수평 눈금과 일치하는지 확인한다. 휘선이 수평
눈금과 일치하지 않을 경우에는 TRACE ROTATION[5]을 조정하여 일치시킨다.

⑥ 수평 POSITION[26]을 돌려 가장 왼쪽 눈금과 일치시킨다.

⑦ PROBE를 CH1 X IN[9]에 연결하고 팁을 CAL 단자[36]에 연결한다. 이때 PROBE
감쇄비는 10× 위치에 놓고 VOLTS / DIV[13]는 10 mV에 놓는다.

⑧ 구형파의 윗 부분이나 일부분이 경사지거나 뾰족하게 되면 작은 드라이버를 사용하여
PROBE의 보정용 TRIMMER를 그림과 같이 조정한다.

⑨ V. MODE [19]를 CH2에 놓고 ⑦, ⑧과 같이 조정한다.

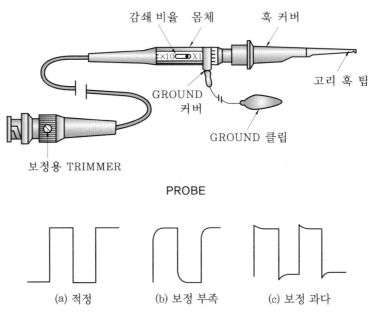

PROBE

(a) 적정   (b) 보정 부족   (c) 보정 과다

교정용 구형파에 의한 PROBE 보정

(3) 1현상 측정

하나의 신호를 측정할 때 사용하는 모드이다. 일반적으로 오실로스코프는 2개의 채널을 가지고 있으므로 CH1, CH2 중 하나를 선택하면 된다. CH1은 OUTPUT 터미널[20]을 가지고 있으며, 화면으로 파형을 측정하면서 동시에 주파수 측정기로 주파수를 측정하고자 할 때 사용하면 좋다. CH2는 INVERT[18]로 파형의 극성 전환이 가능하다.

① CH1을 사용할 때 다음과 같이 설정한다. ( ) 안은 CH2를 사용할 때의 설정을 나타낸다.
- POWER 스위치[1] : ON
- AC − GND − DC[11, 12] : AC
- FOCUS[4] : 중앙
- 수직 POSITION[17, 18] : 누른 상태에서 중앙
- VOLT/DIV[13, 14] : 20 mV
- VARIABLE[15, 16] : 누른 상태에서 완전히 시계 방향으로 돌려 놓는다.
- V. MODE[19] : CH1(CH2)
- HORIZ DISPALY[21] : A
- TIME VARIABLE[25] : 누름 상태에서 완전히 시계 방향으로 완전히 돌려 놓는다.
- TRIGGER MODE[27] : AUTO
- TRIGGER SOURCE[28] : CH1(CH2)
- TRIGGER LEVEL[30] : 중앙
- HOLD OFF[29] : NORM(최대 반시계 방향의 끝에 위치시킨다.)

② 수직축 POSITION을 조정하여 휘선을 CRT의 중앙에 위치시킨다.

③ X IN 커넥터[9, 10]로 신호를 연결시키고 VOLT/ DIV[13, 14]를 돌려 CRT에 충분한 신호가 나타나도록 한다.

> **주의**
>
> 300 V(DC + PEAK AC) 이상의 신호를 가하지 않아야 한다.

④ TIME/DIV[22]를 돌려서 신호가 원하는 주기가 되도록 한다. 일반적인 측정에서는 2~3주기가 나타나는 것이 적당하고 밀집된 파형 관측 시에는 50~100 주기가 나타나도록 하는 것이 적당하다. 그리고 TRIGGER LEVEL[30]을 돌려 안정된 파형이 나타나도록 조정한다.

⑤ VOLT/DIV 스위치를 5 mV에 위치했는데도 측정할 신호가 작아서 동기가 되지 않거나 측정이 곤란한 경우 VARIABLE(PULL×5 MAG)[15, 16]을 당긴다.

이때 VOLT/DIV 스위치가 5 mV인 경우 1 mV/ DIV가 되고 주파수 대역폭은 7 MHz로 감소하며 휘선에 잡음이 증가하게 된다.

⑥ 측정하려고 하는 신호가 고주파로 TIME/DIV 스위치를 0.2 μS 위치에 놓고도 너무 많은 주기가 나타날 때 TIME VARIABLE(PULL ×10 MAG)[㉕]을 당긴다. 그러면 소인 속도가 10배 증가하므로 0.2 μS는 20 nS/DIV가 되고 0.5 μS는 50 nS/DIV가 된다. 0.2, 0.5 μS MAG는 비교정 단자이고 1 μS 이하는 교정 단자이다 (1 μS/DIV에서 ×10 확대 시 ±10 %이고, 그 이하는 ×10 확대 시 ±5 %이다).

⑦ DC 또는 매우 낮은 주파수를 측정할 경우 AC 결합은 신호의 감쇄나 찌그러짐이 발생함으로써 AC−GND−DC 스위치[⑪, ⑫]를 DC에 놓고 사용한다.

TRIGGER MODE[㉗]의 NORM은 재소인되는 위치로, 신호 주파수가 25 Hz 이하인 저주파 관측 시 TRIGGER LEVER[㉚]을 조정하여 측정할 수 있다.

> **주의**
>
> 높은 DC 전압에 매우 낮은 AC 레벨의 파형이 실려 있는 경우 DC 위치에서 나타나지 않을 수 있다.

(4) 2현상 측정

2현상 측정은 주기능으로 다음 설명을 제외하고는 1현상 측정과 동일하다.

① V. MODE[⑲]를 ALT나 CHOP에 놓는다.

　㉮ ALT는 고주파 신호인 경우(TIME/DIV 스위치 : 0.2 ms 이상 고속)에 사용한다.

　㉯ CHOP은 저주파 신호인 경우(TIME/DIV 스위치 : 0.5 ms 이상 고속)에 사용한다.

② 2채널이 같은 주파수인 경우 TRIGGER SOURCE[㉘]로 정확히 동기시킬 수 있다.

(5) TRIGGER 선택

TRIGGER는 오실로스코프에서 부수적으로 적용해야 할 조건이 많고 신호의 정확한 동기를 요하기 때문에 가장 복잡한 동작이다.

① TRIGGER 모드 선택

　㉮ AUTO TRIGGER 모드 : 신호가 없거나, 신호가 있더라도 TRIGGER 조정이 잘못된 경우 동기된 소인이 항상 나타나므로 NORM에서 일어날 수 있는 실수를 범할 우려는 없다. 그러나 AUTO는 신호 주파수가 25 Hz 이하인 경우는 사용할 수 없으며 이때는 NORM에서 측정해야 한다.

　㉯ NORM TRIGGER 모드 : CRT 빔은 신호가 동기되어야 나타난다. TRIGGER 모드는 신호가 없거나 동기 조절이 잘못된 경우, 수직축 POSITION 조정이 잘못되거나 VOLT/DIV 스위치가 부적당하게 된 경우 휘선이 나타나지 않는다.

㈐ TV−V, TV−H TRIGGER 모드 : TV 동기 분리 회로를 추가하여 복잡한 영상 신호(그림 (a))와 같은 파형을 수평 성분, 수직 성분으로 분리함으로써 깨끗이 동기된 파형을 관측할 수 있다. TV 신호의 수직 성분의 동기(그림 (b))를 위해 TRIGGER MODE 스위치를 TV−V로, 수평 성분의 동기(그림 (c))를 위해 TV−H로 선택한다. TRIGGER 분리가 되었을 때(그림 (d)) TV 동기 극성은 음극(−)이어야 한다.

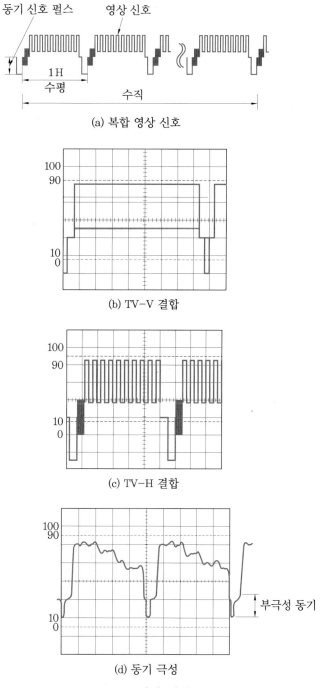

(a) 복합 영상 신호

(b) TV-V 결합

(c) TV-H 결합

(d) 동기 극성

TRIGGER 레벨 선택

② TRIGGER POINT 선택 : SLOPE[㉚]는 소인의 시작점, 상승 시작점 또는 하강 시작점 중 어느 부분에서 시작할 것인지 결정한다. 누른 상태에서는 상승 시작점이 되고 당긴 상태에서는 하강 시작점이 된다.

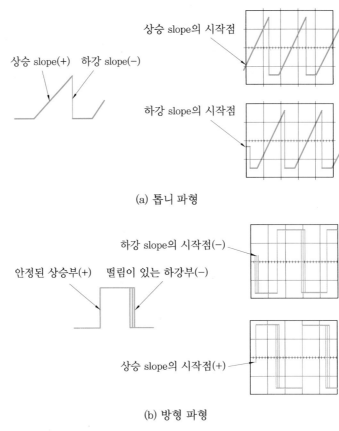

(a) 톱니 파형

(b) 방형 파형

TRIGGER POINT 선택

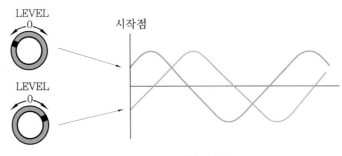

TRIGGER 레벨 선택

(6) 합과 차의 측정

두 신호를 합하여 한 개의 파형으로 나타내는 기능으로, 합의 동작(ADD)은 CH1과 CH2 신호의 대수합을, 차의 동작은 CH1과 CH2 신호의 대수차를 나타낸다.

① 2현상 측정과 같이 설정한다.

② 양쪽 VOLT/DIV[⑬, ⑭]를 같은 위치에 놓는다. VARIABLE[⑮, ⑯]은 최대 시계 방향으로 돌려놓는다. 두 신호의 진폭 차이가 대단히 클 경우 큰 신호의 진폭이 화면 내에 올 수 있을 만큼 양쪽 VOLT/DIV 스위치를 함께 줄인다.

③ TRIGGER의 스위치는 그 중 큰 신호를 기준으로 선택한다.

④ V. MODE[⑲]를 ADD에 놓으면 CH1과 CH2 신호의 대수합이 한 개의 파형으로 나타난다. 이때 수직 POSITION 조절기[⑰, ⑱]의 위치 변화는 측정값을 변화시키기 때문에 조작을 금한다.

> **주의**
>
> 두 입력 신호가 동위상일 때 두 신호는 합으로 나타나고(예 4.2 DIV + 1.2 DIV = 5.4 DIV),
> 두 입력 신호가 180° 역위상일 때 두 신호는 차로 나타난다(예 4.2 DIV − 1.2 DIV = 3.0 DIV).

⑤ 최대(p − p) 진폭이 매우 적은 신호일 경우에는 양쪽 VOLT/DIV 스위치를 조정하여 신호를 화면에 크게 표시한 후 측정한다.

(7) X − Y 측정

X − Y 측정 시 내부 시간축은 사용되지 않으며 수직 및 수평 편향이 모두 외부 신호에 의해 동작된다. X − Y 모드에서는 V MODE, TRIGGER 스위치, 이에 관련된 커넥터와 기능은 동작하지 않는다.

① TIME / DIV[㉒]를 최대 시계 방향으로 돌려 X − Y 위치에 놓는다.

> **주의**
>
> 소인되지 않고 점으로 나타날 경우 CRT 형광면이 손상될 우려가 있으므로 휘도가 너무 밝으면 줄인다.

② CH2 Y IN 커넥터[⑩]에 수직 신호를, CH1 X IN 커넥터[⑨]에 수평 신호를 가하면 휘선이 나타난다. 휘도를 적당한 밝기로 조절한다.

③ CH2 VOLT/DIV[⑭]로 휘선의 높이를, CH1 VOLT/DIV[⑬]로 휘선의 폭을 조절한다. PULL × 5 MAG [⑮, ⑯]과 VARIABLE은 필요에 따라 조정한다. TIME VARIABLE[㉕]은 눌러진 상태에서 측정한다.

④ 파형을 수직(Y측)으로 움직이려면 CH2 수직 POSITION[⑱]으로 하고, 수평(X축)으로 움직이려면 수평 POSITION[㉖]을 조정한다(CH1 수직 POSITION[⑰]은 X − Y 모드에서는 동작하지 않는다).

⑤ 수직(Y측) 신호는 CH2 수직 POSITION[⑱]을 당겨서 위상을 180° 바꿀 수 있다.

(8) 지연 시간축 동작

일부 제품들은 2개의 시간축을 가지고 있는데 TRIGGER 신호가 주어지면 바로 소인이 시작되는 A시간축과 두 번째로 소인이 시작되는 B시간축이 있다. 이는 수평 방향으로 복합 파형을 확대 관측할 때 사용된다.

① 연속 지연 소인

　㈎ 수직 모드로 적절한 위치를 설정한다.

　㈏ B TRIG'D 스위치를 나온 상태로 한다.

　㈐ HORIZ DISPLAY의 A INT 스위치를 누른다. 이때 파형의 일부분이 밝게 빛난다.

　㈑ B TIME/DIV[㉓]를 확대해서 보고 싶은 만큼 적당히 돌린다(그림 (b) 참조).

　㈒ DELAY TIME POS[㉔]를 확대해서 보고 싶은 곳으로 움직여 간다.

　㈓ HORIZ DISPLAY의 B 스위치를 누른다. 앞의 ㈒에서의 밝은 부분이 화면 전체에 확대되어 나타난다. 이 파형이 B시간축 소인이다(그림 (c) 참조).

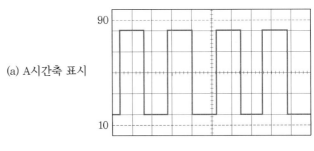

(a) A시간축 표시

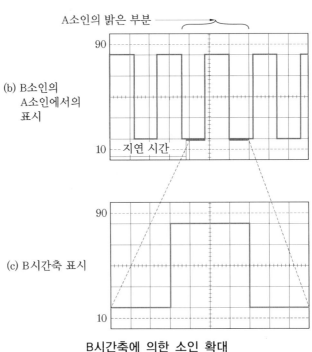

(b) B소인의 A소인에서의 표시

(c) B시간축 표시

B시간축에 의한 소인 확대

㈐ 더욱 확대시켜 볼 필요가 있는 경우 A VARIABLE [㉕] PULL×10 MAG를 당겨본다.

② TRIGGER'D B소인 : 연속적인 지연 소인에서 B시간축은 입력 신호에 의해 동기되지 않고 DIY TIME POS 조절기의 설정된 주(A시간축) 소인과의 비교에 의해 동기된다. 이때 A와 B TIME / DIV의 B스위치의 설정값이 높은 비(100 : 1 또는 그 이상)가 되면 지터(JITTER)가 발생하게 된다. 이것을 방지하기 위해 B소인은 입력 신호나 시간축과 관계되는 TRIGGER에 의해 동기시킨다.

DELAY TIME POS 조정은 A와 B소인 간의 최소 지연 시간을 결정하게 된다.

㈎ 연속 지연 소인 절차와 같이 스위치를 설정한다.

㈏ B TRIG'D 스위치[㉑]를 누르고 TRIGGER LEVEL[㉚]을 적당히 조절한다. 이때 B시간축은 A시간축과 같은 동기 신호에 의해 동기된다.

B소인의 시작은 항상 동기된 신호의 처음과 끝에서 개시된다(DLY TIME POS 조절기를 돌려도 항상 일정하다).

2-3　응용 측정

(1) 진폭 측정

오실로스코프의 전압 측정은 일반적으로 최댓값 측정(p−p)과 순치 시 최댓값(p−p) 측정의 2가지가 있다. 순치 시 전압 측정은 GND 기준으로부터 파형상 각 점의 전압을 측정하는 것이다.

위 측정을 모두 정확히 하기 위해 VARIABLE은 반드시 시계 방향으로 돌려 놓는다.

① 최댓값(p−p) 전압 측정

㈎ 오실로스코프 수직 모드의 스위치는 기본 측정과 같이 설정한다.

㈏ TIME/DIV[㉒]는 2~3주기 정도의 파형이 되도록 조정하고 VOLT/DIV 스위치는 CRT 화면 내에 파형이 들어오도록 적당히 조정한다.

㈐ 수직 POSITION[⑰, ⑱]을 적당히 조정하여 파형의 끝부분을 CRT 관면의 수평 눈금과 일치시킨다.

㈑ 수평 POSITION[㉖]을 적당히 조정하여 CRT 관면의 중앙 수직선상에 파형의 끝부분이 오도록 조정한다(이 선에는 0.2칸 간격의 눈금이 그어져 있다).

㈒ 파형의 위쪽 끝부분과 아래쪽 끝부분의 칸과 눈금을 세어서, 그 값에 VOLT/DIV 스위치의 값을 곱하면 최댓값(p−p)이 된다.

예를 들면 그림과 같은 파형을 측정하였을 때 VOLT/DIV값이 2 V이면 실제로는 8.0 Vp−p가 된다(4.0 DIV×2.0 V = 8.0 V).

(바) 만약 수직 확대 표시가 ×5 모드이면 측정값에 5를 나누어 준다. PROBE가 10 : 1이면 10배를 곱한다.

(사) 100 Hz 이하의 정현파나 1 kHz 이하의 구형파를 측정할 경우 AC－GND－DC 스위치를 DC에 놓는다.

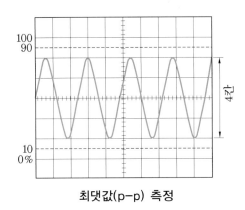

최댓값(p-p) 측정

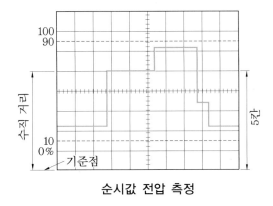

순시값 전압 측정

> **주의**
>
> 고전위의 DC 전압이 실려 있는 파형에서는 상기의 측정이 곤란하다. 이때는 AC－GND－DC 스위치를 AC에 놓고 측정한다(교류 성분 측정이 필요할 경우).

② 순시값 전압 측정

(가) 오실로스코프의 수직 모드 스위치는 기본 측정절차와 같이 설정한다.

(나) TIME/DIV[㉒, ㉓]는 완전한 파형이 되도록 조정하고 VOLT/DIV 스위치는 4~6칸이 되도록 조정한다.

(다) AC－GND－DC[⑪, ⑫]를 GND에 놓는다.

(라) 수직 POSITION[⑰, ⑱]을 돌려 CRT상 수평 눈금의 맨 아래(＋신호일 때)나 맨 위쪽(－신호일 때)에 일치시킨다.

> **주의**
>
> 수직 POSITION 조절기는 측정이 끝날 때까지는 움직여서는 안 된다.

(마) AC－GND－DC 스위치를 DC에 놓는다. ＋신호이면 GND 설정 위로 파형이 나타나고 －신호이면 GND 설정 지점 아래로 파형이 나타난다.

> **참고** 파형에 비해 DC 전압이 클 경우 AC－GND－DC 스위치를 AC에 놓고 AC 부분만 따로 측정한다.

(바) 수평 POSITION[㉖]을 움직여 CRT면의 수직 눈금 중앙에 측정하고자 하는 지점을 일치시켜 그때의 진폭을 VOLT/DIV값에 곱한다. 수직 중앙 눈금은 0.2칸마다 눈금

이 매겨져 있어 측정이 용이하다.

앞의 순시값(p-p) 측정 그림에서 VOLT/DIV 스위치가 0.5 V에 있으면 그 값은 2.5 V가 된다(5.0 DIV × 0.5 V = 2.5 V).

(사) 만약 ×5 확대 측정 시에는 (바)에서 측정한 값에 5를 나누어 주고 ×10 PROBE를 사용했을 경우에는 그 값에 10을 곱한다.

(2) 시간 간격 측정

① 1현상 측정에서와 같이 스위치를 설정한다.

② TIME/DIV[㉒]를 될 수 있는 한 파형이 화면에 크게 나오도록 설정한다. TIME VARIABLE[㉕]은 잠김소리가 날 때까지 시계 방향 최대로 돌린다. 만약 이렇게 하지 않는다면 측정값이 부정확하게 되므로 주의한다.

③ 수직 POSITION[⑰, ⑱]을 조정하여 수평 눈금 중앙에 측정하고자 하는 파형을 일치시킨다.

④ 수평 POSITION[㉖]을 돌려 파형의 왼쪽을 수직 눈금에 일치시킨다.

⑤ 측정하고자 하는 지점까지의 눈금을 센다. 수평 눈금 중앙에는 0.2칸까지의 눈금이 매겨져 있다.

⑥ ⑤에서 측정한 눈금에 TIME/DIV 스위치가 설정한 값을 곱하면 구하고자 하는 시간이 된다. 만약 TIME VARIAVBLE [㉕]이 당겨져 있으면(×10확대 모드) 측정값에 10을 나누어 준다.

(3) 주기, 펄스 폭, 듀티 사이클 측정

신호의 완전한 주기가 화면에 표시될 경우 그때의 주기를 측정할 수 있다. 예를 들어 다음 그림에서 A와 C의 1주기 측정값은 TIME/DIV 스위치가 10 ms에 설정되어 있다면 그 파형의 주기는 10 ms × 7 = 70 ms이다.

펄스 폭은 A와 B의 시간을 말하며, 그림에서 1.5칸이므로 1.5 DIV × 10 ms = 15 ms가 된다. 그런데 여기서 TIME/DIV 스위치를 2 ms에 놓게 되면 그림 (b)와 같이 확대되어보이므로 짧은 펄스라도 측정 정확도는 더욱 좋아진다.

TIME/DIV 스위치로도 적게 보일 경우에는 TIME VARIBALE[㉕]을 당겨 ×10 확대된 상태에서 측정하면 좋다. 펄스 폭과 주기를 알면 듀티 사이클을 계산할 수 있다. 듀티 사이클은 펄스 주기(ON 시간과 OFF 시간의 합)의 ON 시간에 대한 백분율을 말한다.

$$듀티\ 사이클\ (\%) = \frac{펄스\ 폭}{주기} \times 100$$

그림에서의 듀티 사이클은 다음과 같다.

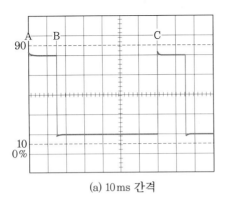

(a) 10ms 간격

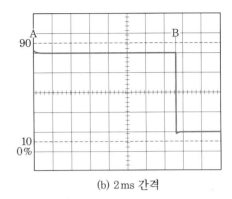

(b) 2ms 간격

시간 간격 측정

예 듀티 사이클 $= \dfrac{A \rightarrow B}{A \rightarrow C} \times 100 = \dfrac{15\,ms}{70\,ms} \times 100 = 21.4\,\%$

(4) 주파수 측정

주파수의 정확한 측정이 필요할 경우 주파수 측정기를 사용한다. 오실로스코프 후면에는 CH1 OUTPUT 커넥터[20]가 있어 여기에 주파수 측정기를 연결하면 파형 관측 및 주파수 측정을 동시에 할 수 있다.

주파수 측정기가 없거나 주파수 측정기로는 측정하기 곤란한 변조 파형, 잡음이 많이 실려 있는 파형은 오실로스코프로 직접 측정할 수 있다.

주파수는 주기와 상호 관련이 있다.

우선 (2)의 시간 간격 측정에서 나오는 주기 t를 알았다면 주파수는 1/t로 계산하여 간단히 구할 수 있다.

1/t의 공식을 적용하면 주기가 초일 때 주파수는 Hz가, 주기가 밀리 초(mS)일 때 주파수는 kHz가, 주기가 마이크로초(μS)일 때 주파수는 MHz가 된다. 주파수의 정확도는 시간축의 정확한 교정과 세밀한 주기 측정에 의해 결정된다.

(5) 위상차 측정

위상차나 신호 사이의 위상각은 2현상 측정 방법이나 X − Y 모드에서 리사주 도형법으로 측정할 수 있다.

① 2현상 측정 방법 : 이 방법은 어떤 형태의 입력 파형에서도 가능하다. 파형이 서로 다를 경우나 위상차가 클 경우에도 20 MHz까지는 측정이 가능하다.

㉮ 2현상 측정에서와 같이 스위치를 설정한다. 한 신호를 CH1 X IN 커넥터[9]에, 다른 신호를 CH2 Y IN 커넥터[10]에 연결한다.

참고 주파수가 높아질 경우 똑같은 PROBE를 쓰거나 지연 시간이 같은 동축 케이블을 사용해야 측정 오차를 줄일 수 있다.

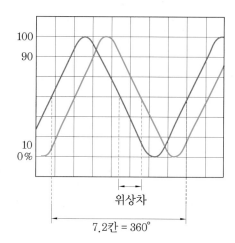

100
90

10
0%

위상차

7.2칸 = 360°

2현상 측정법에 의한 위상 측정

(나) TRIGGER SOURCE[㉘]를 안정된 파형 쪽으로 설정한다. 이때 다른 파형은 수직 POSITION 조절기를 조정하여 파형이 보이지 않도록 위나 아래로 보낸다.

(다) 수직 POSITION을 조정하여 파형을 중심에 이동시킨다. 파형이 6칸을 차지하도록 VOLT/DIV와 VARIABLE을 조정하여 잘 맞춘다.

(라) TRIGGER LEVEL[㉚]을 적절히 조정하여 수평 눈금의 시작점에 파형의 시작점을 정확히 맞춘다.

(마) TIME/DIV[㉒], TIME VARIAVLE[㉕], 수평 POSITION[㉖]을 적절히 정하여 파형의 1주기가 7.2칸이 되도록 조정한다. 그러면 수평 눈금 하나는 50°가 되고 작은 눈금 하나는 10°가 된다.

(바) 보이지 않게 움직여 놓은 다른 파형도 수평 눈금 중앙에 오도록 (다)와 같은 절차를 수행한다.

(사) 두 파형의 수평축 상에서 시작점 사이의 거리가 곧 위상차가 된다. 예를 들면 그림에서 보이는 위상차는 5.2칸이므로 60°가 된다.

(아) 만약 위상차가 50° 이내이면 ×10 확대 모드를 이용하여 세밀히 측정할 수도 있다. 이때의 한 칸은 5°를 나타낸다.

② 리사주 도형법 : 이 방법은 입력 파형이 정현파일 경우에만 가능하다. 수평 증폭기 대역폭에 따라 측정은 500 kHz 이상도 가능할 수 있다. 특성에서 규정한 최대 정확도를 유지하기 위해서는 20 kHz 이하에서 측정하는 것이 좋다.

(가) TIME/DIV 스위치를 최대 시계 방향으로 돌려 X-Y 위치에 설정한다.

주의

CRT상 휘도가 너무 밝아 형광면을 손상시키는 경우가 있으므로 휘도를 적당히 한다.

㈎ CH2 POSITION[⑱]과 PULL×10 MAG[⑯]이 눌러진 상태로 한다.

㈐ 한 신호를 CH1 X IN 커넥터[⑨]에, 다른 신호를 CH2 Y IN 커넥터[⑩]에 연결한다.

㈑ CH2 수직 POSITION[⑱]으로 파형이 관면의 중앙에 오도록 조정하고, 파형이 6칸이 되도록 CH2 VOLT/DIV[⑭]와 VARIABLE[⑯]을 함께 조정한다(파형은 100 %와 0 % 눈금선 상에 존재한다).

㈒ CH1 VOLT/DIV[⑬]와 VARIABLE을 함께 조정하여 ㈑와 같이 수평으로 6칸이 되도록 조정한다.

㈓ 수평 POSITION[㉖]으로 정확하게 조정하여 파형이 수평 중앙에 오도록 조정한다.

㈔ 파형이 수직 중앙 눈금에서 몇 눈금을 지시하는지 센다. 세밀한 측정을 위해서는 CH2 POSITION으로 움직이면서 세어도 좋다.

㈕ 두 신호의 위상차(각도 θ)는 A÷B의 아크사인값과 같다.

$$위상차(각도 \ \theta) = \sin^{-1}\frac{A}{B}$$

예 그림과 같은 파형일 때 ㈔와 같이 이상차를 계산하면 2÷6 = 0.3334의 아크사인값이므로 각도로 환산하면 19.5°가 된다.

$$위상차(각도 \ \theta) = \sin^{-1}\frac{2}{6} = \sin^{-1}0.3334$$
$$= 19.5°$$

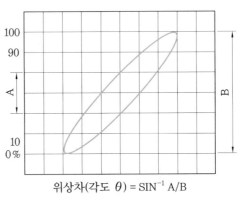

위상차(각도 θ) = SIN⁻¹ A/B

(a) 위상각 계산

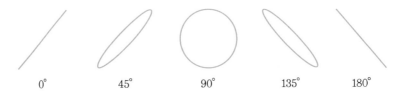

0°   45°   90°   135°   180°

(b) 위상각에 따른 리사주 형태

리사주 도형법에 의한 위상 측정

㉨ 90°보다 작은 각도에서는 바로 적용이 가능하다. 90°보다 큰 각도에 대해서는 90° 씩 더해 주는데, 그 값은 그림의 여러 위상각을 보고 결정한다.

참고 사인각의 변환은 삼각함수표와 삼각함수 계산식에 의해 구할 수 있다.

㉩ READOUT 기능을 가진 제품인 경우에는 CURSOR를 이동시킨 후 A, B값을 측정 하면 위상차 θ를 계산할 수 있다.

(7) 상승 시간 측정

상승 시간은 총펄스 진폭의 상승부 10 %부터 90 %까지의 도달 시간을, 하강 시간은 총 펄스 진폭의 하강부 90 %로부터 10 %까지의 도달 시간을 말한다. 상승시간 및 하강시간을 통틀어 모두 과도 시간이라고 한다.

㉮ 측정하고자 하는 펄스를 CH1 IN 커넥터[❾]에 연결하고 AC – GND – DC[⓫]는 AC 에 위치한다.

㉯ TIME / DIV[㉒]를 조정하여 펄스가 2주기 정도 나타나도록 한다.
TIME VARIABLE[㉕]을 최대 시계 방향으로 돌리고 눌러진 상태로 측정한다.

㉰ CH1 POSITION[⓱]을 조정하여 펄스를 수직 중앙에 일치시킨다.

㉱ CH1 VOLT/DIV[⓭]를 조정하여 펄스의 윗부분이 100 % 눈금선에, 펄스의 아랫부 분이 0 %의 눈금선에 가장 가깝게 한다. 맞지 않을 경우에는 양쪽 눈금선을 약간 벗 어나게 하여 VARIABLE [⓯]을 반시계 방향으로 조금 돌려 100 %선과 0 %선에 정확 히 맞춘다.

㉲ 수평 POSITION[㉖]을 조정하여 펄스의 상승부가 수직 중앙 눈금에(10 % 지점에서 만남) 오도록 한다.

㉳ 주기에 비해 느린 상승 시간은 확대할 필요가 없지만 상승 시간이 짧아서 거의 수직 눈금과 일치할 정도이면 TIME VARIABLE/PULL × 10 MAG[㉕]를 당겨서 ㉲와 같 이 조정한다.

㉴ 수평상으로 10 % 지점(수직 눈금 중앙)과 90 % 지점과의 사이의 눈금을 센다.

㉵ ㉴에서 세어둔 값과 TIME/DIV 스위치의 숫자값을 곱하면 상승 시간이 된다. 만약 × 10 확대 모드일 경우에는 그 값에 10을 나누어 준다.

예 TIME/DIV 스위치가 1 μS에 설정되어 있을 경우 그림과 같이 측정되었다면 상승 시간은 360 nS가 된다(1000 nS ÷ 10 = 100 nS, 100 nS × 3.6 DIV = 360 nS : × 10 확대 모드이기 때문이다).

㉶ 하강 시간을 측정할 경우에는 하강 시점의 10 %되는 지점을 수직 중앙 눈금에 일치 시키고 ㉴와 ㉵의 절차에 따라 측정한다.

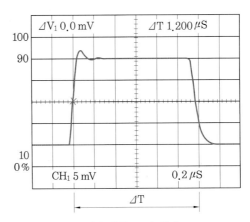

(a) 기본 표시 설정

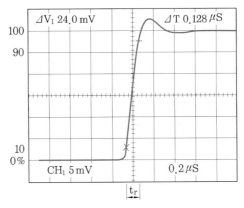

(b) 수평 확대 표시

상승 시간 측정

3 함수 발진기(function generator)

함수 발진기는 정현파, 삼각파, 구형파 신호를 발생하고 주파수 가변 및 변조하는 기기로 전자회로 실험실습에 꼭 필요한 장비이다.

부가된 기능으로는 소인(sweep generator) 발진기로 사용이 가능하며 소인 범위는 내부 ramp 발진기에 의하여 100 : 1 이상의 주파수 범위를 갖고 있으며, 소인 비율(sweep rate)과 소인 폭(sweep width)을 조정할 수 있다.

3-1 각 부위별 명칭

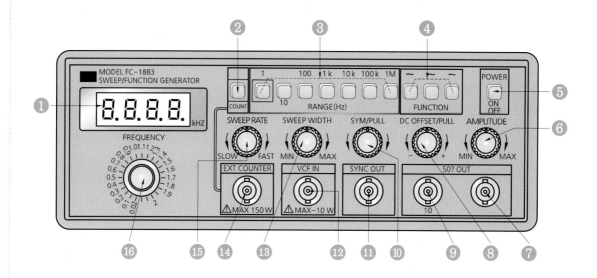

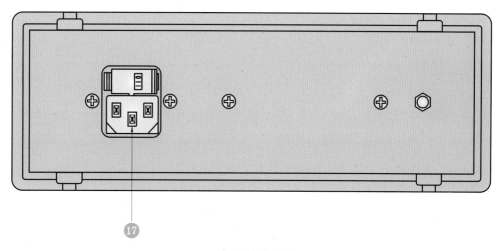

각 부위별 명칭

❶ FREQUENCY DISPLAY LED : 4 digit의 주파수 표시 LED이다.

SWITCH[❷]가 INT로 되었을 경우에는 내부 발진 주파수를 표시하고 EXT로 되었을 경우에는 EXT. COUNTER INPUT CONNECTOR[⓮]에 입력되는 신호의 주파수를 표시한다.

❷ INT/EXT SWITCH : 주파수 counter의 입력 신호를 선택한다.

❸ FREQUENCY RANGE SWTCH : 발진 주파수의 범위를 선택하는 스위치로, 주파수 조절 손잡이[⓰]가 가리키는 눈금에 선택한 스위치의 숫자를 곱하면 발진 주파수가 된다. 1 k를 선택하면 발진 주파수의 범위는 20 Hz~2 KHz가 된다.

❹ FUNCTION SWITCH : 출력 파형을 선택하는 스위치이다.

❺ POWER SWITCH : 전원 스위치이다.

❻ AMPLITUDE VR : 출력 전압을 조절하는 손잡이이다.

❼ OUTPUT(HI) CONNECTOR : 0~±10 V의 출력 커넥터이다.

❽ DC OFFSET VR /SWITCH : 출력 offset 전압을 조절하는 손잡이로, 손잡이를 누른 상태에서는 offset 전압이 0 V이고 손잡이를 당기면 offset 전압을 −10 V까지 조절할 수 있다.

❾ OUTPUT(LO) CONNECTOR : 0~±1 V의 출력 커넥터이다.

❿ SYMMETRY VR / SWITCH : 손잡이를 당기면 symmetry를 1 : 4까지 조절할 수 있으며 누르면 1 : 1로 고정된다.

⓫ SYNC. OUTPUT CONNECTOR : TTL 레벨의 출력 신호 커넥터이다.

⓬ VCF INPUT CONNECTOR : 발진기의 주파수 제어 전압 입력 커넥터이다. 외부의 신호 주파수로 제어하거나 sweep할 수 있다.

⓭ SWEEP WIDTH VR : sweep 폭을 조절하는 손잡이이다.

⓮ EXT. COUNTER INPUT CONNECTOR : 외부 신호의 주파수를 측정할 때의 신호 입력 커넥터이다.

⓯ SWEEP RATE VR / SWITCH : 내부 sweep 신호의 주파수를 조절하는 손잡이로, 손잡이를 당기고 돌리면 조절이 되고 손잡이를 누르면 sweep 신호는 OFF된다.

⓰ FREQUENCY CONTROL VR : 발진기의 주파수를 조절하는 손잡이이다. 발진 주파수는 1 frequency display LED의 표시를 보며 맞춘다. FREQUENCY RANGE SWITCH [❸]가 1 Hz나 10 Hz의 낮은 주파수로 설정되어 있을 경우에는 이 손잡이가 지시하는 눈금을 이용하여 주파수를 맞추는 것이 더 편리하다.

⓱ AC INLET : AC power 연결구로 110 V/220 V 입력 전압 전환 스위치와 fuse holder가 일체형으로 되어 있다.

3-2   조작 순서

① POWER SWITCH[5]를 ON한다.

② INT/EXT SWITCH[2]로 주파수 카운터의 입력 신호를 INT로 선택한다.

③ FUNCTION SWITCH[4]로 출력 파형을 선택한다.

④ SWEEP SWITCH[15]를 눌러 sweep 신호를 OFF한다.

⑤ SYMMERRY SWITCH[10]를 눌러 놓는다.

⑥ DC OFFSET SWITCH[8]를 눌러 offset을 0으로 한다.

⑦ FREQUENCY RANGE SWITCH[3]와 FREQUENCY CONTROL VR[16]로 출력 주파수를 맞춘다.

⑧ AMPLITUDE VR[6]로 OUTPUT CONNECTOR[7, 9]의 출력 레벨을 맞춘다.

3-3   사용 방법

(1) 기본 파형의 출력(sine, triangle, square wave)

① FUNCTION SWITCH[4]로 필요한 파형을 선택한다.

② INT/EXT SWITCH[2]로 주파수 카운터의 입력 신호를 INT로 선택한다.

③ SWEEP SWITCH 손잡이[15]를 눌러 sweep 신호를 OFF한다.

④ SYMMERRY SWITCH 손잡이[10]를 눌러 놓는다.

⑤ DC OFFSET [8]을 필요에 따라 사용한다. 필요시 손잡이를 당겨서 ON한 후 offset 값을 적당히 조정하여 사용한다.

⑥ FREQUENCY RANGE SWITCH[3]와 FREQUENCY CONTROL VR[16]로 출력 주파수를 맞춘다.

⑦ OUTPUT CONNECTOR를 연결한다.

   (개) HI 출력 커넥티[7] : $20\,V_{P-P}$(무부하 시)

   (내) LO 출력 커넥티[9] : $20\,V_{P-P}$(무부하 시)

⑧ AMPLITUDE VR[6]로 필요한 출력 레벨을 맞춘다.

(2) 주파수 sweep되는 신호의 출력

① FUNCTION SWITCH[4]로 필요한 파형을 선택한다.

② INT/EXT SWITCH[2]로 주파수 카운터의 입력 신호를 INT로 선택한다.

③ SWEEP SWITCH 손잡이[⑮]를 눌러 sweep 신호를 OFF한다.

④ FREQUENCY RANGE SWITCH[❸]와 FREQUENCY CONTROL VR[⑯]로 sweep 상한 주파수를 설정한다.

⑤ SWEEP SWITCH 손잡이[⑮]를 당겨 sweep되게 한다.

⑥ SWEEP WIDTH VR[⑬]을 돌려 sweep 하한 주파수를 맞춘다.

⑦ SWEEP RATE VR[⑮]을 돌려 sweep 속도를 적당히 조절한다.

(3) 출력 파형의 symmetry

출력 파형의 symmetry 조정으로 인하여 파형의 정부 대칭비를 임의로 조정할 수 있으므로 square wave 등을 pulse 또는 saw-tooth wave로 변화시킬 수도 있다.

이는 SYMMERRY VR /SWITCH [⑩]를 당겨 놓고 돌리면 symmetry 비가 변하며 20 : 80에서 80 : 20까지 그 비를 조정할 수 있다.

일반적으로 사용할 경우 SYMMERRY VR /SWITCH [⑩]을 눌러 놓는다.

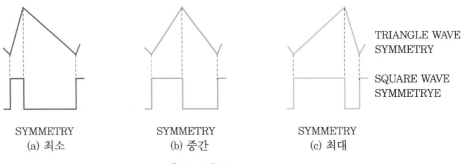

출력 파형의 symmetry

(4) DC offset

DC OFFSET VR/SWITE[❽]를 당겨 놓고 돌리면 DC offset을 조절할 수 있다. DC offset은 50 Ω 부하 시 ±5 V까지, 무부하 시 ±10 V까지 가변된다.

특히 FUNCTION SWITCH [❹]를 모두 선택하지 않은 상태에서는 DC offset 전압만 출력된다.

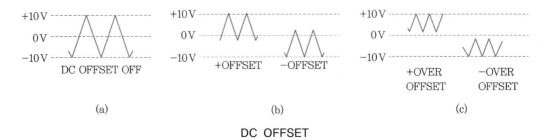

DC OFFSET

(5) VCF 기능

　VCF(voltage controlled frequency) 입력 전압에 의해 출력 주파수를 변경시킬 수 있는 기능으로, FREQUENCY CONTROL VR[⑯]의 눈금을 2에 놓았을 경우 최대 100배까지 주파수 변경이 가능하다. VCF 입력 전압은 0∼−10 V이다.

(6) 외부 신호의 주파수 측정

　주파수 카운터 입력 신호 선택 스위치[❷]를 EXT로 하고 EXTERNAL COUNTER INPUT CONNECTOR[⑭]에 측정할 신호를 연결한다.
　측정 가능 주파수는 5 Hz부터 1 MHz까지이다.

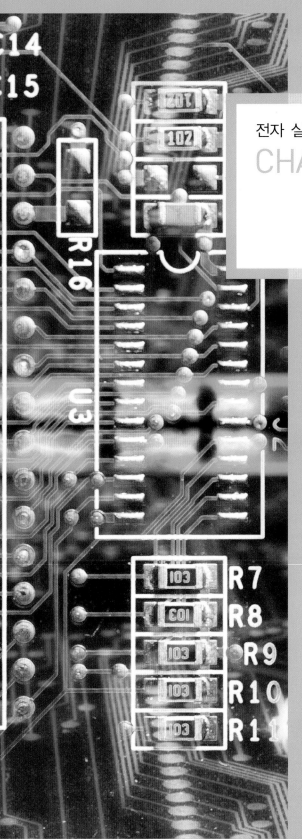

전자 실기 / 실습

CHAPTER

03

전자기기
기능사

- 작품 제작 방법
- 기출 과제(회로도/배치도)

>>> 작품 제작 방법

완전하게 동작하는 작품을 제작하기 위해서는 회로분석 및 이해, 패턴도 작성, 부품 실장, 납땜 작업, 배선 작업, 동작 검사를 해야 한다.

❶ 작품 제작에 있어서 중요하게 생각해야 할 점
   • 제작된 작품이 기업의 생산품이라고 볼 때 생산성이 증가하고 불량이 없는 제품이어야 한다.
   • 소비자가 구매하는 제품이라고 볼 때 보기 좋고 구매 의욕을 가질 수 있는 제품이어야 한다.

❷ 여러 가지 과정 중에서도 패턴도 작성은 두 가지 취지, 즉 생산성 향상을 할 수 있도록 배치하고(좋은 배치는 작품 제작 시간을 절약한다), 구매 의욕을 가질 수 있도록(보기 좋은 떡이 먹기도 좋다고 하듯이 균형 있고 안정감 있는 배치는 보기가 좋다) 배치하기 위해 많은 연습을 해야 한다.

❸ 전자기기 직종에서의 회로 스케치는 각종 전자회로 및 디지털 회로의 기본 회로, 원리 및 회로 구성을 잘 습득하고 패턴도 작성을 많이 해 보면 쉽게 할 수 있다. 이는 기판 (PCB) 및 제작된 제품에서 회로도를 그리는 작업으로, 회로도가 없을 때 하는 방법으로 매우 중요하다고 볼 수 있는 작업이다.

1 ● 회로도 분석 및 패턴도(부품 배치도) 작성

(1) 확인한다.

지급된 회로의 동작원리, 부분별 특성과 요구 사항에서 주어진 내용을 충분히 이해한 다음 주어진 회로 부품의 양부 판별 및 수량 등을 확인한다.

(2) 패턴도(부품 배치도)를 작성한다.

① 패턴도의 주어진 기판(PCB)은 hole 개수에 따라 28×62 hole, 40×55 hole의 두 종류가 가장 많이 쓰인다(IC 만능 기판이라고 한다).
② 패턴도 작성 시 주의할 점은 부품면에서 작성하는 방법(component side)과 동박면 (납땜할 면)에서 작성하는 방법(soldering side) 중에서 자신이 작성할 방법을 확실히 설정하고 작업해야 한다.

왜냐하면 IC를 사용하는 회로의 패턴도 작성 시 IC 핀의 1번 핀 위치는 삽입면과 납땜면이 틀려지기 때문이다. 동박면(soldering side)에서 회로도와 같은 배치가 되도록 하면 작업 후에 회로의 점검이나 조정 및 측정 시 편리하다.

③ 패턴도 작성은 모눈종이를 사용하면 좋으나 부품면과 동박면을 보기에 불편하므로 제도 시 사용하는 트레이싱 용지를 사용한다.

④ 일반적으로 기판의 왼쪽에 입력 측이, 오른쪽에 출력 측이 되도록 배치한다.

⑤ 입력 측과 출력 측의 간섭이 없도록 부품을 안배하며, 배선의 교차가 없도록 하고 기판 전체에 균형과 안정감이 있도록 배치한다.

⑥ 저항의 색띠는 동일 방향으로 통일하고, 가급적 기판에 2단, 3단 형태로 배열하며 사선 아닌 직각 배치를 하도록 한다. 또한 동박면에서 점퍼선이 생기지 않도록 한다.

⑦ 가변저항(VR)이나 스위치(push button, toggle, slide 등) 등을 부착할 때와 같이 기판을 가공해야 할 경우에는 가공될 면적을 고려하여 배치하고, 외부 단자는 기판의 가장자리에 오도록 한다.

⑧ IC나 X-TAL 등 소켓을 사용하는 경우에는 소켓의 크기와 면적을 고려하여 배치한다.

⑨ 외부 단자의 지정이 있을 때에는(IC 기판의 커넥터 단자와 +, − 및 입출력 단자 등) 반드시 요구 사항에 맞도록 배치한다.

⑩ 주어진 회로가 요구하는 배치가 되도록(예 LED의 배열, 스위치의 배열 등) 세심한 주의가 필요하다.

 꼭 지켜야할 사항

패턴도는 반드시 자신이 작성해야 한다. 다른 사람이 작성한 것으로 실습은 가능할 지 모르나 문제 발생 시 해결능력이 없어진다. 왜냐하면 자신이 패턴도를 그려 보면 회로도가 머릿속에 암기가 되고 회로도와 패턴도 간의 연관성이 이루어지게 되어 회로가 동작이 안 되거나 오동작 발생 시 회로도를 사용하지 않아도 해결할 수 있는 능력이 생긴다.

2 ● 부품의 실장

대부분의 부품은 기판에 밀착시키고 좌우 리드선의 구성을 균형 있게 하며, 그 높이를 일정하게 한다.

① 저항이나 다이오드 등은 그림과 같이 리드선의 시작 부분에서 1.5 mm 이상 떨어진 곳을 적당한 곡률 반지름을 두고 구부리며, 양쪽 리드선은 부품에 대해서 평행 직각이 되도록 하여 프린트 기판(또는 만능 기판)의 구멍에 맞춰서 구부려 실장한다.

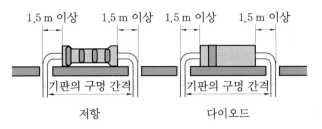

저항 및 다이오드

② 콘덴서(전해, 탄탈, 마일러, 세라믹 등), 트랜스(전원, OSC, IFT 등), LED, 트랜지스터 등과 같이 동일 방향으로 리드선이 나와 있는 부품은 그림과 같이 실장한다. 특히 LED, TR 등과 같은 반도체 소자, 즉 열에 약한 부품들은 기판에서 리드선의 높이가 5 mm 이상 되도록 하며, 같은 부품의 높이는 모두 일정하게 한다.

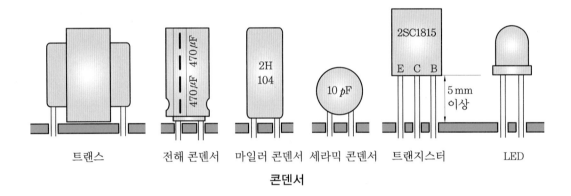

콘덴서

③ 부품의 실장 방향은 지정된 프린트 기판의 기준 방향에 따라 표시를 읽을 수 있도록 수평, 수직으로 질서 있게 실장한다. 이때 다이오드나 콘덴서 등의 극성에 주의한다.

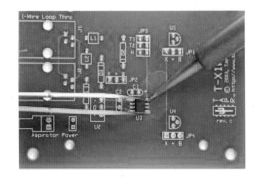

부품의 실장 방향

④ 도면의 동작 특성이나 지시 사항 등에서 부품의 발열 등을 고려하여 기판과 부품 또는 부품 상호 간의 간격을 두고 실장하는 경우 간격은 3~5 mm 정도가 적당하다.

⑤ 실장 후 리드선의 구부림은 그 구멍에서 회로의 방향으로 하며, 너무 세게 구부려서 부품과 프린트 기판에 장력이 걸려 부품이 파손되지 않도록 한다.

⑥ 실장된 리드선의 끝은 니퍼를 사용하여 **중심에서 1 mm 정도**의 길이로 그림과 같이 **약 45°**의 각도로 비스듬히 자른다. 이때 동박면을 벗어나지 않도록 한다.

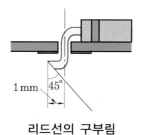

1 mm 45°

리드선의 구부림

3 ● 납땜 작업

납땜(soldering brazing)이란 접합해야 할 금속 사이에 전기 납땜 인두로 모재와 납을 가열하여 용융된 납의 모세관 현상에 의해 두 금속을 견고하게 접합 연결시키는 것으로, 전자, 통신 및 컴퓨터 기기 등의 부품과 부품 또는 부품과 PCB 간의 회로를 구성하는 연결 기능을 수행하는 작업 공정이다.

불완전하거나 미숙한 방법으로 수행된 납땜 과정은 기기의 확실한 동작을 기대할 수 없으며 접촉 불량 등의 고장을 일으켜 수명을 단축시키게 된다.

그러므로 납땜은 전기·전자 실기 기술의 기초이자 많은 노력과 경험이 요구되는 과정이다.

(1) 땜납과 플럭스

① 땜납 : 주석(Sn)은 327℃에서, 납(Pb)은 232℃에서 각각 용융되는데 이들을 적절히 배합하여 합금하면 더욱 낮은 온도에서 녹는 성질이 있다.

일반적으로 전자기기용 땜납은 주석 60 %, 납 40 %의 합금이 주로 사용되며 용융온도는 190℃ 정도이다.

• 납땜 작업온도는 이보다 50℃ 정도 높은 230~250℃ 정도에서 1~3초(부품의 크기나 방열에 따라 다르다) 이내에 시행하는 것이 가장 좋다.

• 납의 종류는 여러 가지가 있으나 전자기기 등의 납땜에는 실납이 주로 사용되며 굵기는 0.8~1 mm가 가장 좋다.

② 플럭스(flux) : 플럭스는 납땜 작업에 있어서 모재 금속과 땜납을 접합시키기 위해 없어서는 안 되는 것으로, 접합할 때 자기 스스로는 반응하지 않으면서 다른 물질의 반응을 촉진시켜 주는 촉매와 같은 역할을 하며, 송진이나 활성화 수지로 된 플럭스가 땜납 내부에 들어 있다.

- 모재 금속의 표면에 산화물 등을 제거하고 표면을 깨끗하게 한다.
- 납땜 후 모재의 표면을 덮어 산화를 방지한다.
- 모재에 납이 골고루 퍼지게 하고 모재와 부품 사이에 납이 잘 융착하도록 한다.

좋은 플럭스는 납의 퍼짐이 좋고 녹이나 부식이 발생하지 않으며, 절연저항이 높고 수분을 흡수하지 않으며 유독 가스가 발생되지 않아야 한다. 그러나 플럭스는 필요한 경우에만 사용하고 가급적 사용하지 않는 것이 좋다.

(2) 납땜 인두(soldering iron)

① 납땜 인두 : 인두는 납땜할 부분을 땜납이 녹는 온도까지 가열하는 공구로서 사용 목적에 따라 소비 전력과 tip의 크기 및 모양을 선택하여 사용한다. 일반적으로 전자회로의 조립 및 수리에는 20~30 W의 소비 전력과 지름 4~5 mm 정도의 tip을 가진 인두를 사용한다.

② 인두 팁의 적정온도 : 납땜을 하기 위한 적정온도를 유지하기 위해 전원 측에 온도 제어 장치를 부가하거나 인두 팁의 길이를 조절하는 등의 방법이 필요하다. 가격이 조금 비싸더라도 자동온도 조절이 되는 인두를 사용하는 것이 좋은 납땜과 빠른 작업을 하는 데 필요하다.

또한 납땜 작업을 하다 보면 인두 팁에 불순물이 생기므로 내열 스펀지를 사용하여 깨끗하게 하고 작업을 한다.

인두 잡는 방법

(3) 납땜 공정

① 납땜하기 전에 인두가 충분히 가열되어 납이 잘 녹는지 확인한다.
② 그림 (a)와 같이 땜하려고 하는 모재(동박과 부품의 리드선 또는 배선)에 인두를 대고 예열한다. 이때 너무 오래 가열하면 동박이 떨어지게 되므로 인두의 온도 상태를 보고 적절히 예열한다(약 1초 정도).
③ 그림 (b)와 같이 가열된 부분에 납을 가하여 적정량을 녹인다.
④ 그림 (c)와 같이 적정량(과다, 과소가 되지 않게)을 녹인 후 납을 뗀다.
⑤ 그림 (d)와 같이 납이 고루 퍼지고 광택이 날 때까지 기다렸다(약 1~2초) 인두를 뗀다.

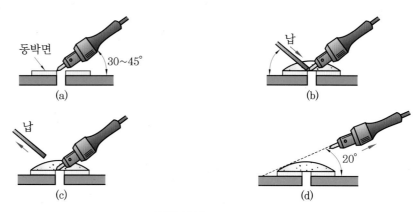

납땜 공정

⑥ 만일 납의 양이 과다, 과소하거나 냉납이 되었을 경우에는 인두로 살짝 가열하면서 납을 적정량 밀어 넣고 빠른 속도로 인두를 해당하는 부분에서 납을 들어 올리듯 인두를 들어 올려 과다한 양을 제거하거나 부족한 양을 추가하여 알맞은 양이 되도록 한다. 또 다른 방법은 납 제거기를 사용하여 제거한 후 다시 납땜을 한다(납 제거기에 의해 동박이 떨어지지 않도록 한다).

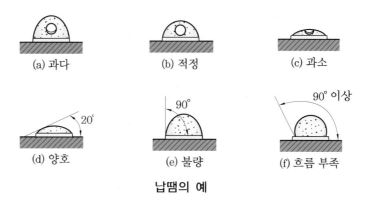

납땜의 예

(4) 납땜 작업 시 주의사항

① 납땜 인두의 팁은 작업 시작 전에 견고하게 조여서 작업 시 흔들리지 않게 한다.

② 납땜 인두로 납땜할 동판 부위를 세게 문지르거나 한곳에 너무 오래 대고 있으면 동박면이 떨어지는 원인이 된다.

③ 반도체 부품과 같이 열에 약한 부품의 납땜에는 리드선을 롱 노즈 플라이어나 핀셋 등으로 잡고 열을 분산시키는 방법을 사용한다.

④ MOS FET 또는 C-MOS IC 등 정전기에 약한 부품의 납땜에는 접지극이 있는 납땜 인두를 사용한다.

⑤ 납땜 작업 시 근접한 다른 배선이나 부품에 인두가 닿아 배선의 피복이나 부품이 손상되지 않도록 한다.

4 ─● 배선 작업

　배선은 기판의 동박면에서 부품 상호 간을 전선으로 접속시키거나 납땜 작업을 이용하여 전선과 전선 사이를 접속시키는 공정이다. 즉 납땜 공정과 동시에 이루어지는 작업이며 회로 동작의 중요한 사항이므로 정확하게 작업을 한다.

　일반적으로 전자기기에 사용되는 배선은 주석 도금한 동선을 주로 사용하며 지름은 0.3~0.4 mm인 것을 사용한다.

① 배선은 기판 동박면의 중앙에 위치하도록 하고, 동박면에 밀착하여 직선이 되도록 하며 최단 거리로 배선한다.

② 배선의 방향을 변경할 경우에는 기판 구멍 위에서 행하고, 그 구멍은 납땜을 한다. 즉 배선의 방향이 바뀌는 지점은 꼭 납땜을 한다.

③ 수검자 유의사항을 잘 숙지하고 그 방법대로 수행한다(예 납땜 시 2구멍마다 납땜한다).

　이때 납땜시간을 단축하고 정확하게 하는 방법 또는 완전 동작이 안 되어 부품을 교체하거나 배선을 달리할 경우를 대비하여 2구멍마다 신속하고 정확하게 납땜한다.

　만일 구멍 간격을 길게 하고 중간에 납땜할 경우에는 배선줄이 열팽창에 의해 굴곡이 생기게 되어 제품 동작에 지장을 초래할 수 있으므로 유의한다.

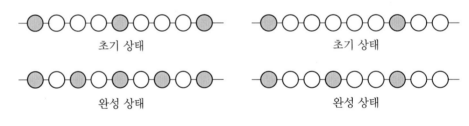

초기 상태　　　　　　　　　초기 상태

완성 상태　　　　　　　　　완성 상태

(a) 2구멍 간격　　　　　　　(b) 3구멍 간격

배선 납땜의 예

동박면 납땜의 예

5 ─● 동작 검사

완성된 작품을 동작시키기 위해서는 다음과 같은 일련의 조치를 취해야 한다.

① IC 등을 사용하는 회로에서는 IC를 소켓에 삽입하기 전에 전원을 연결하고, 각 소켓의 전원 전압이 정상적으로 가해지는지 회로시험기를 사용하여 측정한다. 즉 (−) 전원과 IC 소켓의 V_{cc}가 가해지는 각 핀을 측정한다.

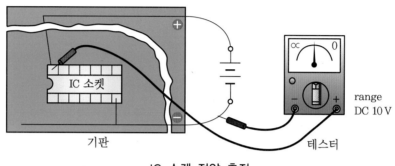

IC 소켓 전압 측정

② IC 소켓의 각 핀에 정상적인 전압이 측정되면 전원을 차단하고 규격에 맞는 IC를 삽입한다.

③ 삽입이 끝난 제품에 정전류를 측정한다. 즉, 회로와 전원의 (−) 단자를 접속하고 테스터를 전류측정 range(250 mA 정도)에 위치한 후 (+) 리드봉을 전원의 (+)에 접속하고 (−) 리드봉을 제작된 작품의 (+) 단자에 접속하여 전류를 측정한다.

④ 만일 과전류가 흐를 경우 회로상에 문제가 있으므로 즉시 차단하여 잘못된 부분을 수정하고 ①, ②, ③ 단계를 다시 수행한다. 정상적인 전류는 회로에 따라 다르지만 대략 25~200 mA 사이의 전류가 흐른다.

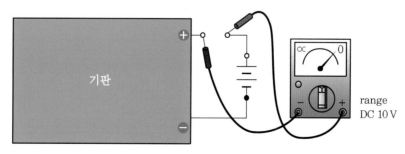

전체 회로 전류 측정

>>> 전자기기 기능사 기출 과제

작품명	2음 경보기	자격종목 및 등급	전자기기 기능사

※ **시험시간 : 4시간 30분**

○ 제1과제(회로 스케치) : 1시간(실습 시 지도 교사의 지시에 의해 실시)

○ 제2과제(조립) : 3시간 20분

○ 제3과제(측정) : 10분(준비 및 조정 시간 포함)(지도 교사의 지시에 의해 실시)

1 요구 사항

① 주어진 시간 내에 도면과 재료를 사용하여 회로를 완성하시오.

② 조립이 완료되면 전원 ON 시 LED1, LED2가 교차로 점멸되고 2개의 음이 교차로 발진하도록 하시오.

③ 위와 같이 동작하지 않을 경우 틀린 회로를 수정하여 정상 동작이 되도록 하시오.

④ 별지로 지급된 회로 스케치 작업을 완성하여 1시간 이내에 답안지를 시험위원에게 제출한 후 조립 작업에 임하시오.

2 재료 목록

부품명	규 격	수 량	부품명	규 격	수 량
IC	NE555	1	저항	680 Ω	2
	74LS76	1		1 kΩ	2
	74LS00	1		1.5 kΩ/ 47 kΩ/100 kΩ	각 1
IC 소켓	8핀	1		10 kΩ	2
	14핀/16핀	각 1		2.2 Ω/10 Ω	각 1
트랜지스터	2SC1815	2		150 Ω	2
다이오드	1N4001	2	전해 콘덴서	1 μF/16 V	3
LED	적색, 5φ	1		4.7 μF/16 V	2
	녹색, 5φ	1	스피커	0.3 W/8 Ω	1

3 회로도

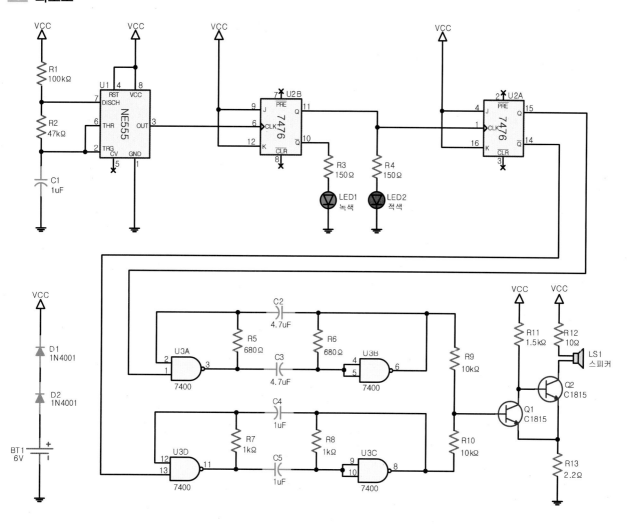

Logic IC Inside Arrangements

• 2음 경보기

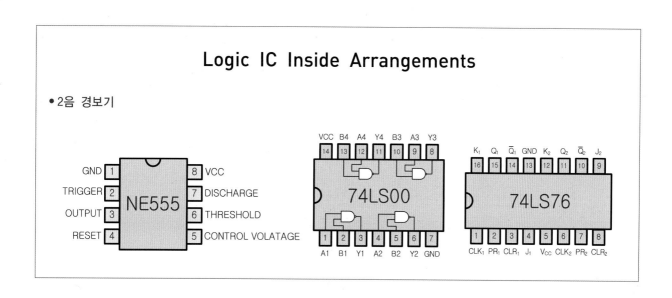

4 패턴도

부품면	이 부분을 보고 배치 작업을 하시오.

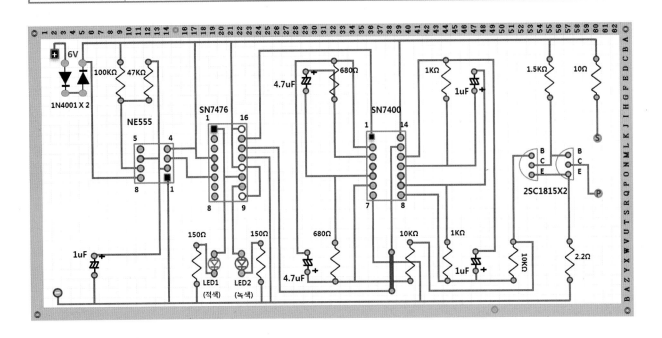

납땜면	이 부분을 보고 납땜 작업을 하시오.

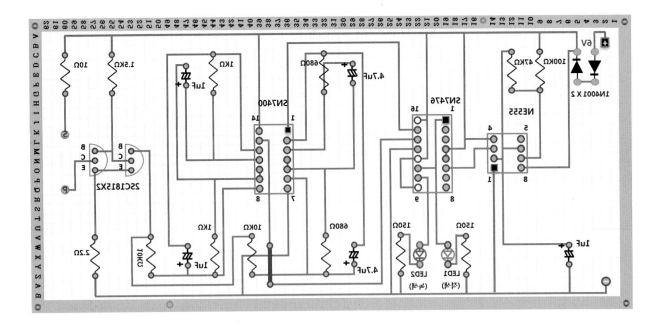

5 설명도

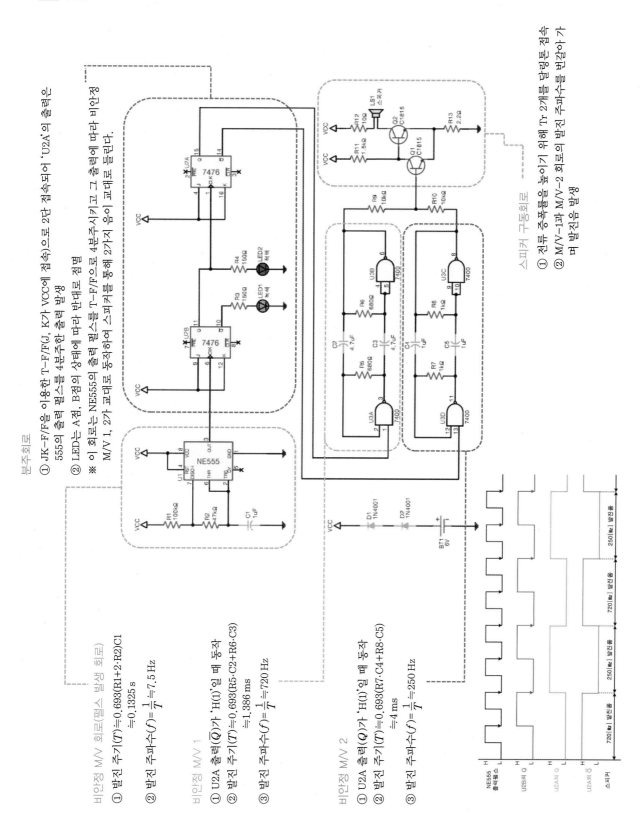

분주회로
① JK-F/F을 이용한 T-F/F(J, K가 VCC에 접속)으로 2단 접속되어 'U2A'의 출력은 555의 출력 펄스를 4분주한 출력 발생
② LED는 A점, B점의 상태에 따라 반대로 점멸
※ 이 회로는 NE555의 출력 펄스를 T-F/F으로 4분주시키고 그 출력에 따라 비안정 M/V 1, 2가 교대로 동작하여 스피커를 통해 2가지 음이 교대로 들린다.

스피커 구동회로
① 전류 증폭률을 높이기 위해 Tr 2개를 달링톤으로 접속
② M/V-1과 M/V-2 회로의 발진 주파수를 번갈아 받아가며 발진음을 발생

비안정 M/V 회로(펄스 발생 회로)
① 발진 주기(T)≒0.693(R1+2·R2)C1 ≒0.1325 s
② 발진 주파수(f)=$\frac{1}{T}$≒7.5 Hz

비안정 M/V 1
① U2A 출력(Q)가 'H(1)'일 때 동작
② 발진 주기(T)≒0.693(R5·C2+R6·C3) ≒1.386 ms
③ 발진 주파수(f)=$\frac{1}{T}$≒720 Hz

비안정 M/V 2
① U2A 출력($\overline{Q}$)가 'H(1)'일 때 동작
② 발진 주기(T)≒0.693(R7·C4+R8·C5) ≒4 ms
③ 발진 주파수(f)=$\frac{1}{T}$≒250 Hz

작품명	정역 제어 회로	자격종목 및 등급	전자기기 기능사

※ 시험시간 : 4시간 30분
  ○ 제1과제(회로 스케치) : 1시간(실습 시 지도 교사의 지시에 의해 실시)
  ○ 제2과제(조립) : 3시간 20분
  ○ 제3과제(측정) : 10분(준비 및 조정 시간 포함)(지도 교사의 지시에 의해 실시)

1 요구 사항

① 지급된 재료를 사용하여 제한시간 내에 도면과 같이 조립하시오.
② 조립이 완성되면 다음과 같이 동작이 되도록 하시오.
   ㉮ SW1이 OFF 상태에서 LED1과 LED2가 점등되고 약 15초 전후 LED1, LED2가 소등되면서 LED3가 점등되어야 하며, 이 과정이 계속 되풀이되도록 하시오.
   ㉯ LED1과 LED2가 점등 시 SW1을 ON하면 LED1, LED2가 소등되고 LED3가 점등되어야 하며, SW1을 OFF하면 ㉮항 동작이 되풀이되도록 하시오.
③ 위 동작이 되지 않을 경우 틀린 회로를 수정하여 정상 동작이 되도록 하시오.
④ 별지로 지급된 회로 스케치 작업을 완성하여 1시간 내에 답안지를 시험위원에게 제출하고 실기 작업에 임하시오.

2 재료 목록

부품명	규 격	수 량	부품명	규 격	수 량
IC	74LS00/86/123	각 1	마일러 콘덴서	$0.01\,\mu\text{F}/0.33\,\mu\text{F}$	각 1
	NE555	1	저항	$2\,\Omega(1/2\text{W})$	1
정전압 IC	LM7805	1		$1\,\text{M}\Omega/33\,\text{k}\Omega/47\,\text{k}\Omega$	각 1
IC 소켓	8핀/16핀	각 1		$30\,\Omega/330\,\Omega$	각 1
	14핀	2		$220\,\Omega$	3
스위치	PB-SW(1P2T)	1		$10\,\text{k}\Omega$	3
트랜지스터	2SA509	2		$470\,\Omega$	2
	2SC1815	2	다이오드	1S1588	1
전해 콘덴서	$10\,\mu\text{F}/220\,\mu\text{F}/16\,\text{V}$	각 1	LED	적색	3
마일러 콘덴서	$0.1\,\mu\text{F}(104)$	2			

3 회로도

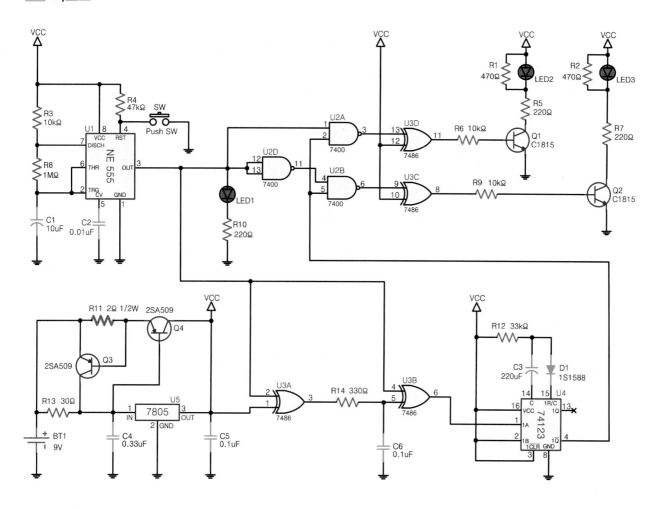

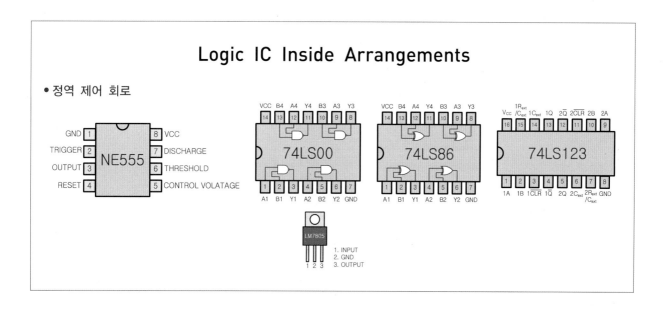

4 패턴도

부품면	이 부분을 보고 배치 작업을 하시오.

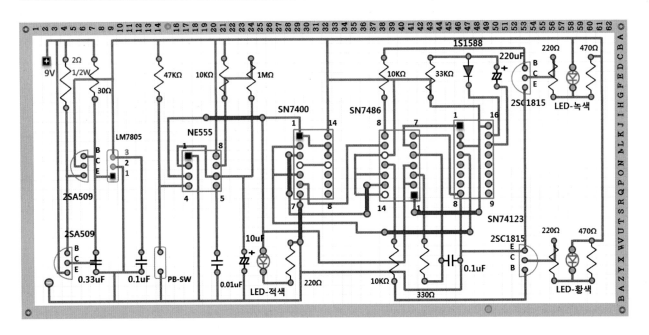

납땜면	이 부분을 보고 납땜 작업을 하시오.

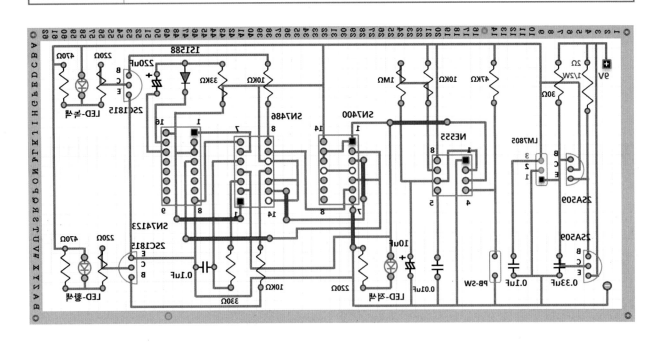

5 설명도

LED2, LED3 제어용 조합회로

① SW가 OFF상태에서 LED1이 점등되고 IC 74123 출력이 'H(1)' 상태일 때 LED2가 점등되며, LED1과 LED2가 소등되고, 74123 출력이 'H(1)' 상태일 때 LED3가 점등되는 동작을 계속 반복한다.

② LED1과 LED2가 점등시 SW를 누르면 발진이 정지되어 LED1과 LED2는 소등되고, LED3가 점등된다.

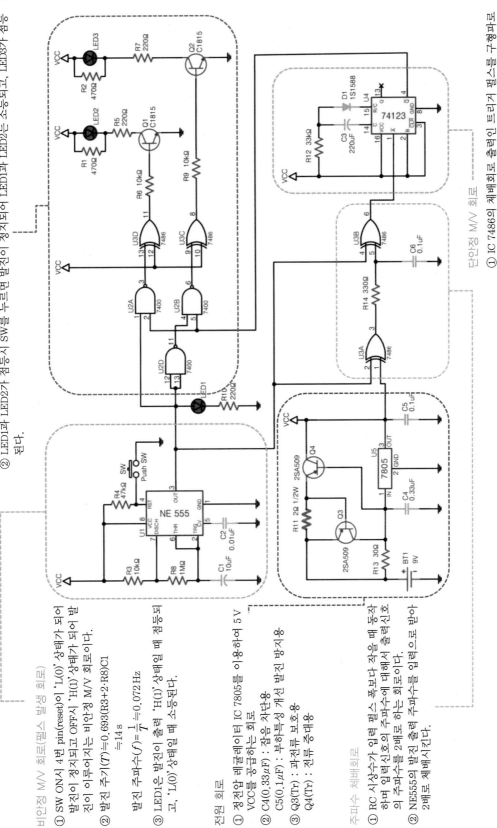

비안정 M/V 회로(펄스 발생 회로)

① SW ON시 4번 pin(reset)이 'L(0)' 상태가 되어 발진이 정지되고 OFF시 'H(1)' 상태가 되어 발진이 이루어지는 비안정 M/V 회로이다.

② 발진 주기(T)≒0.693(R3+2·R8)C1
≒14 s

발진 주파수(f)=$\frac{1}{T}$≒0.072 Hz

③ LED1은 발진이 출력 'H(1)' 상태일 때 점등되고, 'L(0)' 상태일 때 소등된다.

전원 회로

① 정전압 레귤레이터 IC 7805를 이용하여 VCC를 공급하는 회로

② C4(0.33μF) : 잡음 차단용
C5(0.1μF) : 부하특성 개선 발진 방지용

③ Q3(Tr) : 과전류 보호용
Q4(Tr) : 전류 증대용

주파수 체배회로

① RC 시상수가 입력 펄스 폭보다 작을 때 동작하며 입력신호의 주파수에 대해서 출력의 주파수를 2배로 하는 회로이다.

② NE555의 발진 출력 주파수를 입력으로 받아 2배로 체배시킨다.

단안정 M/V 회로

① IC 7486의 체배회로 출력인 트리거 펄스를 구형파로 만들어 주는 단안정 M/V회로

② 펄스 폭은 외부에 접속된 R과 C에 의해서 결정된다.

③ 발진 펄스 폭(Tw)≒0.45·R12·C3≒3.267 s

작품명	박자 발생기	자격종목 및 등급	전자기기 기능사

※ 시험시간 : 4시간 30분

○ 제1과제(회로 스케치) : 1시간(실습 시 지도 교사의 지시에 의해 실시)

○ 제2과제(조립) : 3시간 20분

○ 제3과제(측정) : 10분(준비 및 조정 시간 포함)(지도 교사의 지시에 의해 실시)

1 요구 사항

① 지급된 재료를 사용하여 제한시간 내에 도면과 같이 조립하시오.

② 조립이 완성되면 다음과 같이 동작이 되도록 하시오.

㉮ 전원을 넣고 SW1을 누르면 L1과 L2가 교대로 점등되도록 하시오.

㉯ SW2를 누르면 L1, L2, L3가 교대로 점등되도록 하시오.

㉰ SW3를 누르면 L1, L2, L3, L4가 교대로 점등되도록 하시오.

③ 위 동작이 되지 않을 경우 회로를 수정하여 정상 동작이 되도록 하시오.

④ 별지로 지급된 회로 스케치 작업을 완성하여 1시간 내에 답안지를 시험위원에게 제출하고 실기 작업에 임하시오.

2 재료 목록

부품명	규 격	수 량	부품명	규 격	수 량
IC	74LS00	2	LED	녹색	1
	74LS32	1		적색	3
	74LS145	1	저항	470 Ω	1
	MC4518	1		4.7 kΩ	6
	NE555	1		47 kΩ	1
정전압 IC	LM7805	1	전해 콘덴서	3.3 μF/16 V	1
IC 소켓	8핀	1	세라믹 콘덴서	0.1 μF(104)	2
	14핀	3	스위치	PB-SW(1P2T)	3
	16핀	2	다이오드	1S1588	5

3 회로도

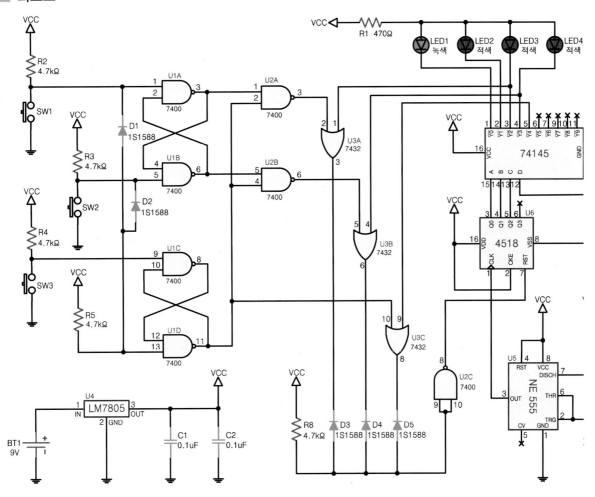

Logic IC Inside Arrangements

• 박자 발생기

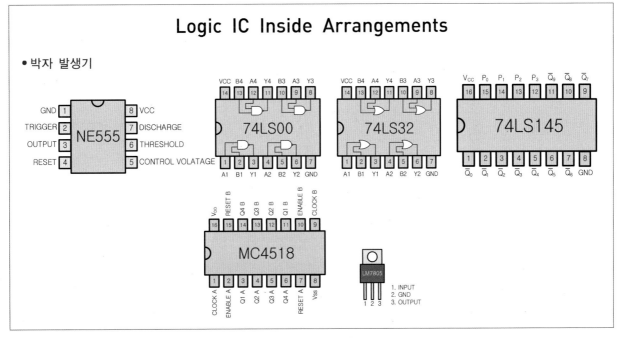

4 패턴도

부품면	이 부분을 보고 배치 작업을 하시오.

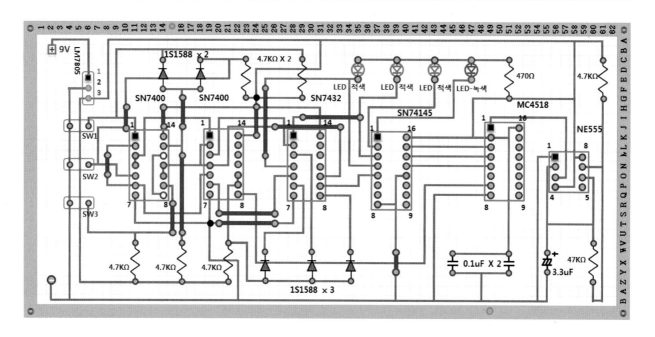

납땜면	이 부분을 보고 납땜 작업을 하시오.

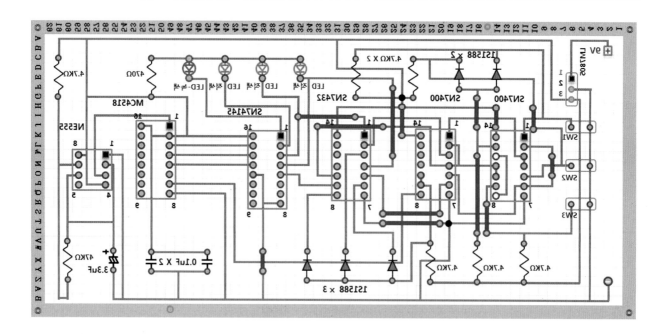

5 설명도

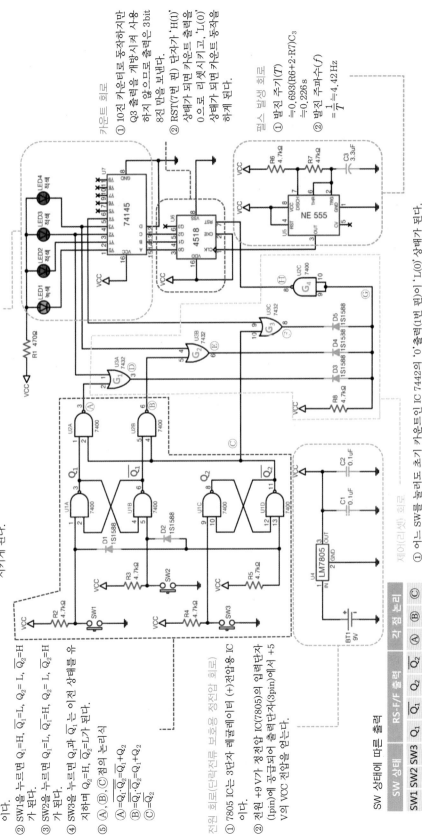

카운트 회로

① 10진 카운터로 동작하지만 Q3 출력을 개방시켜 사용하므로 3진 8진 8진 만을 보낸다.
② RST(7번 핀) 단자가 'H(1)' 상태가 되면 카운트 출력을 0으로 리셋시키고, 'L(0)' 상태가 되면 카운트 동작을 하게 된다.

펄스 발생 회로

① 발진 주기(T)
$$T = 0.693(R6+2 \cdot R7)C_3$$
$$\fallingdotseq 0.226\,s$$
② 발진 주파수(f)
$$f = \frac{1}{T} \fallingdotseq 4.42\,Hz$$

리코더 회로 및 LED 표시

① 입력이 3Bit이므로 D(12번 핀)은 접지시켜 사용하지 않는다. 접지시키지 않으면 'H(1)' 상태로 정상동작(카운트)이 되지 않는다.
② 3, 4, 5번 핀 출력은 G_1, G_2, G_3의 입력에 연결되어 SW의 ON 상태에 따라 G_1, G_2, G_3의 출력을 'L(0)' 상태로 만들어 카운트를 리셋시키게 된다.

박자 선택 회로

① 박자를 선택할 수 있도록 SW 조작에 따라 Ⓐ, Ⓑ, Ⓒ점의 논리를 결정해 주는 회로이다.
② SW1을 누르면 $Q_1=H$, $\overline{Q_1}=L$, $Q_2=L$, $\overline{Q_2}=H$가 된다.
③ SW2을 누르면 $Q_1=L$, $\overline{Q_1}=H$, $Q_2=H$, $\overline{Q_2}=L$가 된다.
④ SW3을 누르면 Q_1과 $\overline{Q_1}$는 이전 상태를 유지하며 $Q_2=H$, $\overline{Q_2}=L$가 된다.
⑤ Ⓐ, Ⓑ, Ⓒ점의 논리식
$Ⓐ = \overline{Q_1} \cdot \overline{Q_2} = Q_1 + Q_2$
$Ⓑ = Q_1 \cdot \overline{Q_2} = Q_1 + Q_2$
$Ⓒ = \overline{Q_2}$

전원 회로(단락전류 보호용 정전압 회로)

① 7805 IC는 3단자 레귤레이터로 (+)전압용 IC이다.
② 전원 +9 V가 정전압 IC(7805)의 입력단자(1pin)에 공급되어 출력단자(3pin)에서 +5 V의 VCC 전압을 얻는다.

제어(리셋) 회로

① 어느 SW를 눌러도 초기 카운트인 IC 7442의 '0'출력(1번 핀)이 'L(0)' 상태가 된다.
② SW1 ON시 Ⓓ, Ⓔ, Ⓕ가 'H(1)' 상태로 Ⓖ가 'H(1)', Ⓗ가 'L(0)', Ⓗ가 'L(0)'가 되어 카운트가 되고 3번째 출력(3번 핀)이 'L(0)'가 되는 순간 G_1의 출력 Ⓓ가 'L(0)', Ⓗ가 'H(1)' 상태로 반해 카운트를 리셋시켜 LED1, LED2가 되어 리셋시켜 LED1, LED2, LED3가 순차 점멸하게 된다.
③ SW2 ON시는 4번째 출력(4번 핀)이 'L(0)'가 되는 순간 G_2의 출력 Ⓔ가 'L(0)'이 되어 Ⓗ가 'H(1)'가 되어 리셋시켜 LED1, LED2, LED3가 순차 점멸하게 된다.
④ SW3 ON시는 5번째 출력(5번 핀)이 'L(0)'가 되는 순간 G_3의 출력 Ⓕ가 'L(0)'이 되어 Ⓗ가 'H(1)'가 되어 리셋시켜 LED1, LED2, LED3, LED4가 순차 점멸하게 된다.

SW 상태에 따른 출력

SW 상태			RS·F/F 출력				각 점 논리		
SW1	SW2	SW3	Q_1	$\overline{Q_1}$	Q_2	$\overline{Q_2}$	Ⓐ	Ⓑ	Ⓒ
ON	OFF	OFF	H	L	H	L	H	L	H
OFF	ON	OFF	L	H	H	L	H	L	H
OFF	OFF	ON	H	L	이전 상태	H	L	L	

작품명	카운터 선택 표시 회로	자격종목 및 등급	전자기기 기능사

※ 시험시간 : 4시간 30분

  ○ 제1과제(회로 스케치) : 1시간(실습 시 지도 교사의 지시에 의해 실시)

  ○ 제2과제(조립) : 3시간 20분

  ○ 제3과제(측정) : 10분(준비 및 조정 시간 포함)(지도 교사의 지시에 의해 실시)

1 요구 사항

① 지급된 재료를 사용하여 제한시간 내에 도면과 같이 조립하시오.

② 조립이 완성된 후 전원을 가하면 LED가 순차 점멸하다가 스위치를 ON하면 LED가 점프(1개 건너뛰어)하면서 점등되도록 하시오.

③ 위 동작이 되지 않을 경우 틀린 회로를 수정하여 정상 동작이 되도록 하시오.

④ 별지로 지급된 회로 스케치 작업을 완성하여 1시간 내에 답안지를 시험위원에게 제출하고 실기 작업에 임하시오.

2 재료 목록

부품명	규 격	수 량	부품명	규 격	수 량
IC	74LS00	1	다이오드	1N4002	1
	74LS02	1	LED	적색(동일색)	10
	74LS145	1	저항	150 Ω	10
	MC4518	1		680 Ω	2
IC 소켓	14핀	2	전해 콘덴서	470 μF/16 V	2
	16핀	2	스위치	PB-SW(1P2T)	1

3 회로도

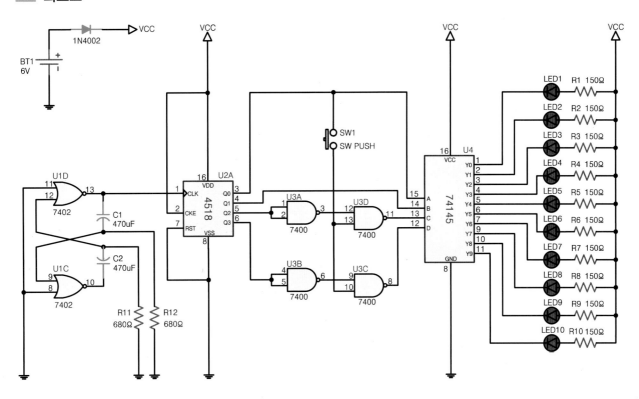

Logic IC Inside Arrangements

• 카운터 선택 표시 회로

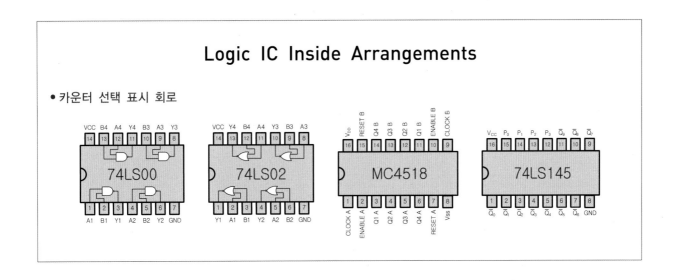

4 패턴도

부품면	이 부분을 보고 배치 작업을 하시오.

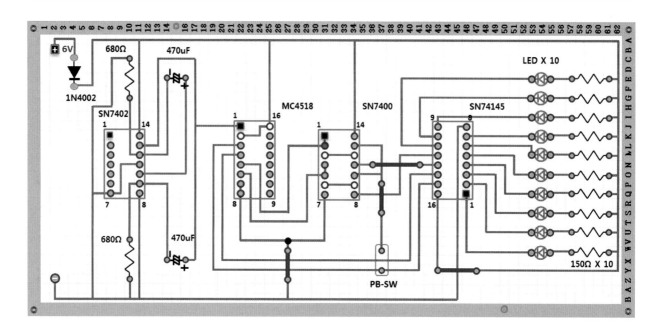

납땜면	이 부분을 보고 납땜 작업을 하시오.

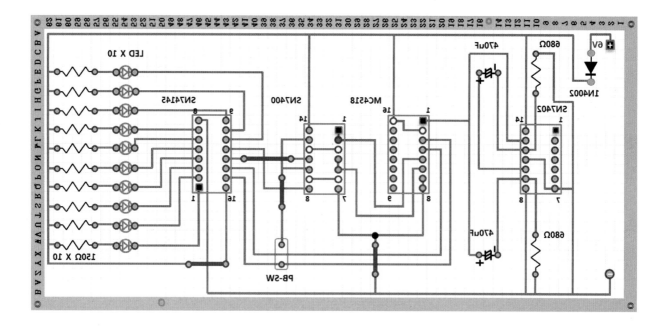

5 설명도

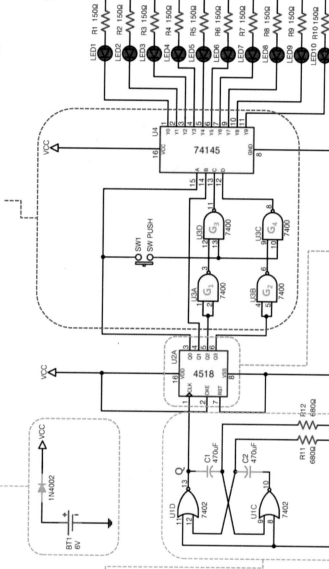

카운터 선택조합 회로 및 디코더 회로

1. PB-SW OFF 상태

① IC 7400의 NAND 게이트가 도두 NOT 게이트로 동작하여 IC 4518의 출력이 그대로 IC 74145 디코더 입력으로 공급된다.

② IC 4518의 출력상태대로 LED를 순차적으로 점멸하게 하는 10진-링카운터가 된다.

2. PB SW ON 상태

① Q0이 'L(0)'일 때 G3, G4는 NAND 게이트로 동작되어 Q3, Q4 출력이 항상 'H(1)'이 되어 디코더 입력에 가해진다(이때 디코더 출력은 10(1010) 이상 낼 수 없어 모두 'H(1)'상태로 모든 LED는 OFF 상태가 된다.

② Q0이 'H(1)'일 때 G3, G4가 NOT 게이트로 동작하여 PB-SW OFF 상태와 같이 Q3, Q4가 원래 상태대로 IC 74145 입력에 가해져 짝수 LED만 순차적으로 점멸하는 링 가운터로 동작한다.

IC 4518은 10진 가운터로 사용할 수 있다. 1/10 분주는 비동기식 리플 가운터이며 BCD 출력을 나타낸다.

10진 가운티 회로

전원 회로

실리콘 다이오드(1N4002)의 순방향 바이어스 전압은 0.6~0.7V이므로, 전원 전압(VCC)는 다음과 같다.

$VCC = 6 - 0.7 \fallingdotseq 5.3V$

비안정 M/V 회로(펄스 발생 회로)

① NOR 게이트는 한쪽 입력이 'L(0)' 상태로 다른쪽 입력상태를 반전시켜주는 NOT 게이트로 동작한다.

② C1, C2는 NOR 게이트의 출력상태에 따라 서로 상반되게 충·방전으로 반복하여 NOR 게이트의 출력을 계속 반전시켜 펄스를 발생시켜 IC 4518의 10진 가운티 CLK 입력에 공급한다.

③ 발진 주기$(T) \fallingdotseq 0.693(C2 \cdot R11 + C1 \cdot R12)$
　$\fallingdotseq 0.444\,s$

④ 발진 주파수$(f) = \dfrac{1}{T} \fallingdotseq 2.3Hz$

PB SW ON 상태 동작표

Pulse	4518 출력				SW ON상태 74145 입력				LED 상태
	Q3	Q2	Q1	Q0	D	C	B	A	
0	0	0	0	0	0	0	0	0	모두 소등
1	0	0	0	1	0	0	0	1	LED2 ON
2	0	0	1	0	0	0	1	1	모두 소등
3	0	0	1	1	0	0	1	1	LED4 ON
4	0	1	0	0	0	1	0	1	모두 소등
5	0	1	0	1	0	1	0	1	LED6 ON
6	0	1	1	0	0	1	1	1	모두 소등
7	0	1	1	1	0	1	1	1	LED8 ON
8	1	0	0	0	1	0	0	1	모두 소등
9	1	0	0	1	1	0	0	1	LED10 ON

작품명	위치 표시기	자격종목 및 등급	전자기기 기능사

※ 시험시간 : 4시간 30분

○ 제1과제(회로 스케치) : 1시간(실습 시 지도 교사의 지시에 의해 실시)

○ 제2과제(조립) : 3시간 20분

○ 제3과제(측정) : 10분(준비 및 조정 시간 포함)(지도 교사의 지시에 의해 실시)

1 요구 사항

① 지급된 재료를 사용하여 제한시간 내에 도면과 같이 조립하시오.

② 조립이 완성되면 다음과 같이 동작이 되도록 하시오.

• SW1을 누르면 스피커에서 삐~ 하는 음이 세 번 울리고, SW2를 누르면 두 번 울린다.

③ 위 동작이 되지 않을 경우 틀린 회로를 수정하여 정상 동작이 되도록 하시오.

④ 별지로 지급된 회로 스케치 작업을 완성하여 1시간 내에 답안지를 시험위원에게 제출하고 실기 작업에 임하시오.

2 재료 목록

부품명	규 격	수 량	부품명	규 격	수 량
IC	74LS00	3	저항	100 kΩ	1
	74LS76	1	전해 콘덴서	1 μF/16 V	2
IC 소켓	14핀	3		470 μF/16 V	2
	16핀	1	다이오드	1N4001	1
트랜지스터	2SC1815	2	스위치	PB-SW(1P2T)	2
저항	1 kΩ	4	스피커	0.2W/8Ω	1
	4.7 kΩ	2			

3 회로도

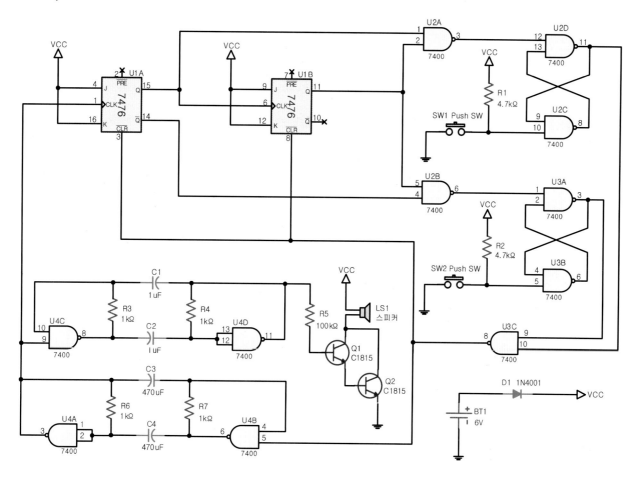

Logic IC Inside Arrangements

• 위치 표시기

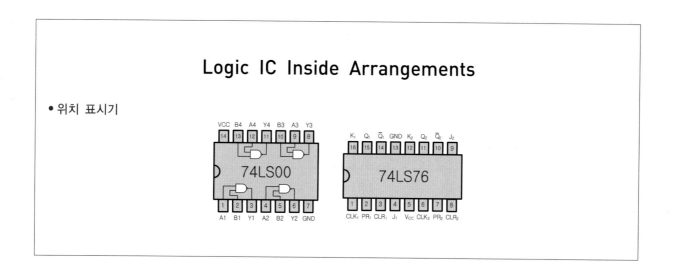

4 패턴도

부품면	이 부분을 보고 배치 작업을 하시오.

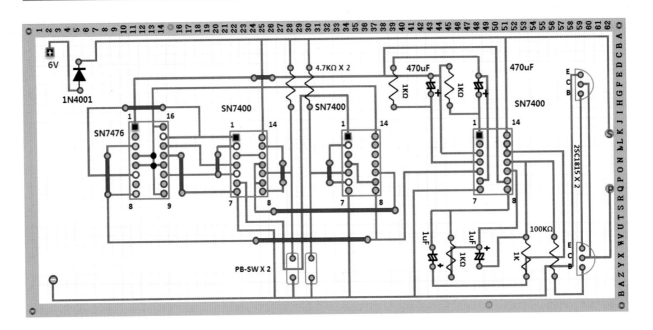

납땜면	이 부분을 보고 납땜 작업을 하시오.

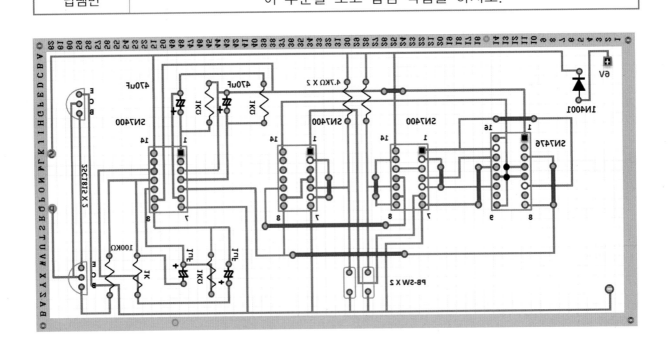

5 설명도

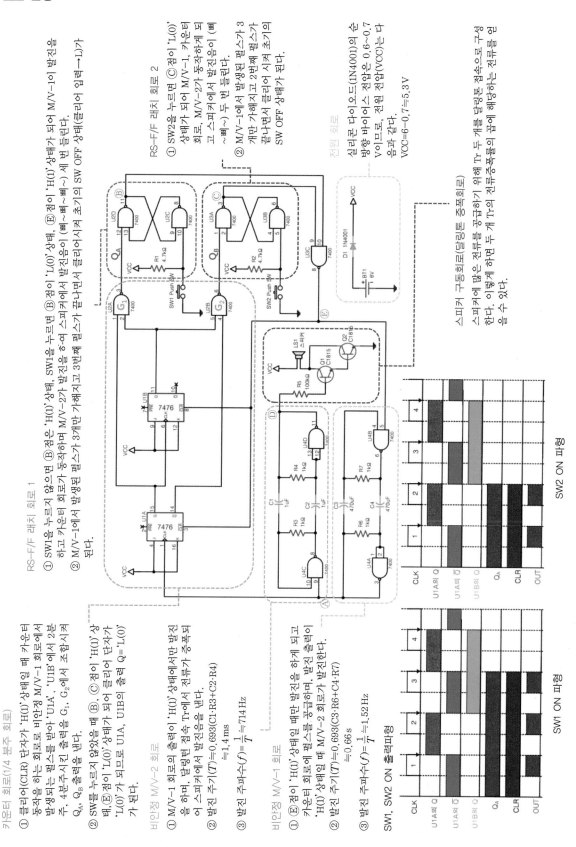

카운터 회로(1/4 분주 회로)

① 클리어(CLR) 단자가 'H(1)' 상태일 때 카운터 동작을 하는 회로로 비안정 M/V-1 회로에서 발생되는 펄스를 받아 'U1A', 'U1B'에서 2분주, 4분주시킨 출력을 받아 G_1, G_2에서 조합시켜 Q_A, Q_B 출력을 낸다.

② SW를 누르지 않았을 때 Ⓑ, Ⓒ점이 'H(1)' 상태, Ⓔ점이 'L(0)'상태가 되어 클리어 되어 클리어 단자가 'L(0)'가 되므로 U1A, U1B의 출력 Q=L(0)가 된다.

비안정 M/V-2 회로

① M/V-1 회로의 출력이 'H(1)' 상태에서만 발진을 하며, 달링턴 접속 Tr에서 전류가 증폭되어 스피커에서 발진음을 낸다.

② 발진 주기$(T)≒0.693(C1·R3+C2·R4)$ ≒1.4 ms

③ 발진 주파수$(f)≒\dfrac{1}{T}≒714\,Hz$

비안정 M/V-1 회로

① Ⓔ점이 'H(1)' 상태에서만 발진을 하게 되고 가운데 회로에 펄스를 공급하며, 발진 출력이 'H(1)' 상태일 때 M/V-2 회로가 발진한다.

② 발진 주기$(T)≒0.693(C3·R6+C4·R7)$ ≒0.66 s

③ 발진 주파수$(f)≒\dfrac{1}{T}≒1.52\,Hz$

SW1, SW2 ON 출력파형

RS-F/F 래치 회로 1

① SW1을 누르지 않으면 Ⓑ점은 'H(1)' 상태, SW1을 누르면 Ⓑ점이 'L(0)' 상태, Ⓔ점이 'H(1)' 상태가 되어 M/V-1의 발진을 하고 가운데 회로가 동작하며 M/V-2가 발진을 하여 스피커에서 발진음이 (삐~삐~) 세 번 들린다.

② M/V-1에서 발생된 펄스가 3개만 가해지고 3번째 펄스가 끝나면서 클리어시켜 초기의 SW OFF 상태가 된다.

RS-F/F 래치 회로 2

① SW2을 누르면 Ⓒ점이 'L(0)' 상태가 되어 M/V-1, 가운데 회로, M/V-2가 동작하게 되고 스피커에서 발진음이 (삐~) 두 번 들린다.

② M/V-1에서 발생된 펄스가 3 개만 가해지고 2번째 펄스가 끝나면서 클리어 시켜 초기의 SW OFF 상태가 된다.

전원 회로

실리콘 다이오드(1N4001)의 순방향 바이어스 전압은 0.6~0.7 V이므로, 전원 전압(VCC)는 다음과 같다.

VCC=6-0.7≒5.3 V

스피커 구동회로(달링톤 증폭회로)

스피커에 많은 전류를 공급하기 위해 Tr 두 개를 달링톤 접속으로 구성한다. 이렇게 하면 두 개의 전류증폭률의 곱에 해당하는 전류를 얻을 수 있다.

작품명	99진 계수기	자격종목 및 등급	전자기기기능사

※ 시험시간 : 4시간 30분
○ 제1과제(회로 스케치) : 1시간(실습 시 지도 교사의 지시에 의해 실시)

○ 제2과제(조립) : 3시간 20분

○ 제3과제(측정) : 10분(준비 및 조정 시간 포함)(지도 교사의 지시에 의해 실시)

1 요구 사항

① 지급된 재료를 사용하여 제한시간 내에 도면과 같이 조립하시오.

② 조립이 완성되면 다음 동작이 되는지 확인하시오.

㉮ 전원을 넣고 RESET 스위치를 누르면 "00"이 되고, 처음부터 계수가 시작되어 "99"진까지 상향계수 되도록 한다.

㉯ NE555의 1 MΩ 반고정 저항을 조정하여 10 단위 계수가 2~3초가 되도록 조정하시오.

③ 위 동작이 되지 않을 경우 회로를 수정하여 정상 동작이 되도록 하시오.

④ 별지로 지급된 측정 답안지는 조립 작업 중 시험위원의 지시에 따라 차례로 측정을 실시한 후 기록하여 시험위원에게 제출하시오.

⑤ 별지로 지급된 회로 스케치 작업을 완성하여 1시간 내에 답안지를 시험위원에게 제출하고 실기 작업에 임하시오.

2 재료 목록

부품명	규 격	수 량	부품명	규 격	수 량
IC	MC4011	1	저항	330 Ω	7
	MC4518/4543	각 1		150 Ω/100 kΩ	각 1
	NE555	1		470 Ω/1 kΩ	각 1
IC 소켓	14핀 (FND 고정용 포함)	3		10 kΩ	1
	16핀	3	반고정 저항	1 MΩ	1
	8핀	1	제너 다이오드	RD5A	1
트랜지스터	C1959	1	스위치	PB-SW(1P2T)	1
FND	500(-공통형)	1	전해 콘덴서	1 μF/16 V	1
	507(+공통형)	1	마일러 콘덴서	0.047 μF(473)	2

3 회로도

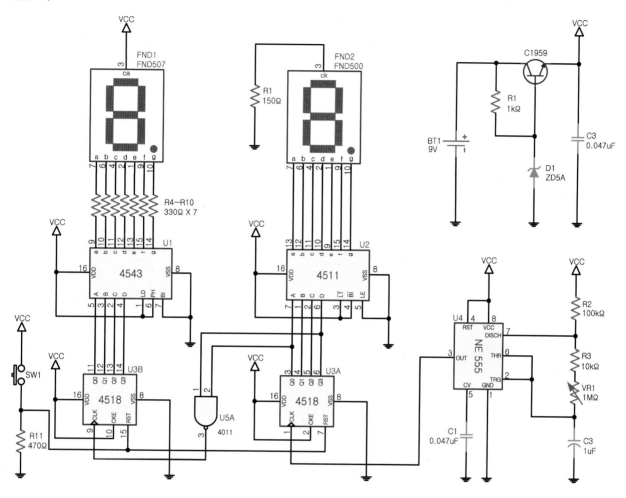

Logic IC Inside Arrangements

• 99진 계수기

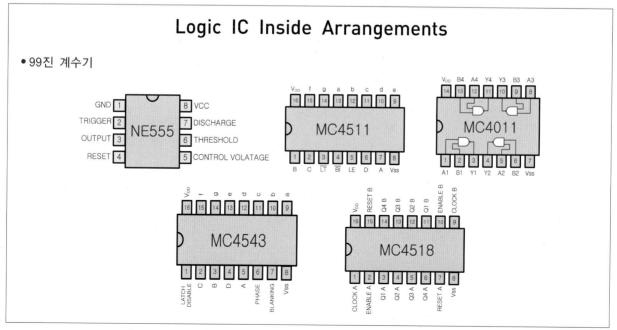

4 패턴도

부품면	이 부분을 보고 배치 작업을 하시오.

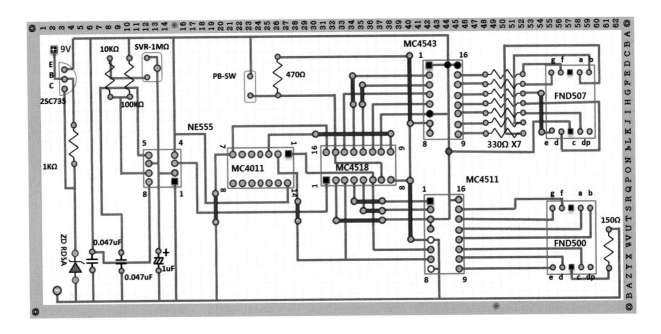

납땜면	이 부분을 보고 납땜 작업을 하시오.

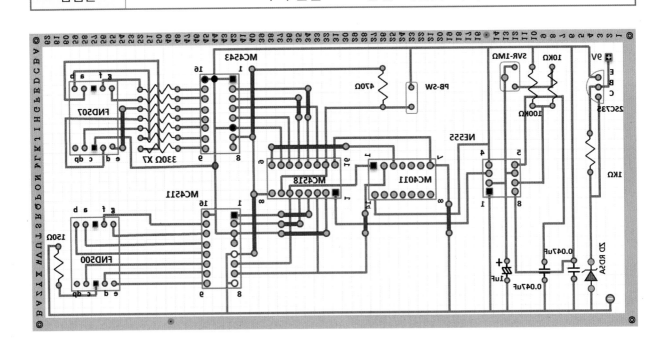

5 설명도

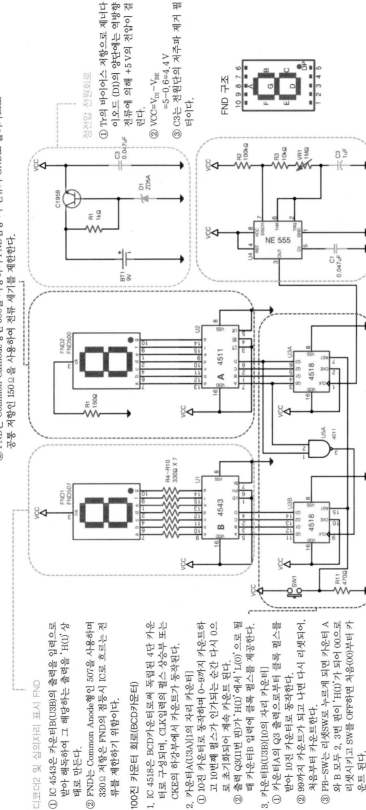

디코더 A 및 1의 자리 표시 FND

① IC 4511은 가운터 A의 출력을 입력으로 받아 해독하여 해당하는 출력을 'L(0)' 상태로 만들어 준다.

② FND는 Common Cathode형인 500을 사용하며 FND점등 시 전류가 GND로 흘러가므로 공통 저항인 150Ω을 사용하여 전류 세기를 제한한다.

정전압 전원회로

① T₁의 바이어스 저항으로 제너다이오드 (D1)의 양단에는 역방향 전류에 의해 +5V의 전압이 걸린다.

② $VCC=V_{D1}-V_{BE}$ $=5-0.6=4.4V$

③ C3는 전원단의 저주파 제거 필터이다.

FND 구조

4. 발진 주파수(f)

① f(VR1 최대)$=\dfrac{1}{T_{max}}≒0.68$ Hz

② f(VR1 최소)$=\dfrac{1}{T_{min}}≒12$ Hz

디코더2 및 십의자리 표시 FND

① IC 4543은 가운터B(U3B)의 출력을 입력으로 받아 해독하여 그 해당하는 출력을 'H(1)' 상태로 만든다.

② FND는 Common Anode형인 507을 사용하며 330Ω 저항은 FND의 점등시 IC로 흐르는 전류를 제한하기 위함이다.

100진 가운터 회로(BCD가운터)

1. IC 4518은 BCD가운터로써 독립된 4단 가운터로 구성되며, CLK입력의 펄스 상승부 또는 CKE의 하강부에서 가운트가 동작된다.

2. 가운터A(U3A)[1의 자리 가운터]

① 10진 가운터로 동작하며 0~9까지 가운트하고 10번째 펄스가 인가되는 순간 다시 0으로 초기화되어 계속 가운트 된다.

② 출력 Q3(11번 핀)가 'H(1)'에서 'L(0)'으로 별 때 가운터B 입력에 클록 펄스를 제공한다.

3. 가운터B(U3B)[10의 자리 가운터]

① 가운터A의 Q3 출력으로부터 클록 펄스를 받아 10진 가운터로 동작한다.

② 99까지 가운트가 되고 나면 다시 리셋되어, 처음부터 가운트한다.

③ PB-SW는 리셋SW로 누르게 되면 가운터 A와 B 모두 리셋되어 'H(1)'가 되어 00으로 리셋시키고 SW를 OFF하면 처음(00)부터 가운트 된다.

4. R11은 SW 동작과 관련된 체터링 현상 방지용 저항이다.

비안정 M/V 회로(펄스 발생 허로)

1. 충전시간(T_1)

① T_1(VR1 최대) $T_{1max}≒0.693[R2+(R3+VR1)C3]≒0.77$ s

② T_1(VR1 최소) $T_{1min}≒0.693(R2+R3)C3≒0.076$ s

2. 방전시간(T_2)

① T_1(VR1 최대) $T_{2max}≒0.693(R3+VR1)C3≒0.699$ s

② T_1(VR1 최소) $T_{2min}≒0.693(R3)C3≒0.0069$ s

3. 주기(T)

① T(VR1 최대) $T_{max}≒T_{1max}+T_{2max}≒1.4699$ s

② T(VR1 최소) T_{min}　T_{max}　T_{min}　T_{2min}　0.083　s

CLK
충전　방전
T_1　T_2
T

작품명	전자 사이크로	자격종목 및 등급	전자기기 기능사

※ **시험시간 : 4시간 30분**

○ 제1과제(회로 스케치) : 1시간(실습 시 지도 교사의 지시에 의해 실시)

○ 제2과제(조립) : 3시간 20분

○ 제3과제(측정) : 10분(준비 및 조정 시간 포함)(지도 교사의 지시에 의해 실시)

1 요구 사항

① 지급된 재료를 사용하여 제한시간 내에 도면과 같이 조립하시오.

② LED1~LED7까지를 다음과 같이 배치하시오.

(D4)   (D2)

(D6)   (D1)   (D7)

(D3)   (D5)

③ 푸시버튼을 누르면 전체 LED가 점멸하다가 놓으면 1~6에 맞는 LED만 점등되도록 하시오.

(● : LED 점등, ○ : LED 소등)

LED 점등상태	1			2			3			4			5			6		
	○		○	○		●	○		●	●		●	●		●	●		●
	○	●	○	○	○	○	○	●	○	○	○	○	○	●	○	●	○	●
	○		○	●		○	●		○	●		●	●		●	●		●

④ 위 동작이 되지 않을 경우 틀린 회로를 수정하여 정상 동작이 되도록 하시오.

⑤ 별지로 지급된 회로 스케치 작업을 완성하여 1시간 내에 답안지를 시험위원에게 제출하고 실기 작업에 임하시오.

2 재료 목록

부품명	규 격	수 량	부품명	규 격	수 량
IC	MC14011	1	LED	녹색, 3ϕ	1
	MC14017	1	저항	820 Ω	4
	MC14049	1		300 kΩ	2
	MC14072	2		3 kΩ	1
IC 소켓	14핀	3	전해 콘덴서	4.7 μF/16 V	1
	16핀	2	마일러 콘덴서	0.033 μF(333)	1
LED	적색, 3ϕ	6	스위치	PB−SW(1P2T)	1

3 회로도

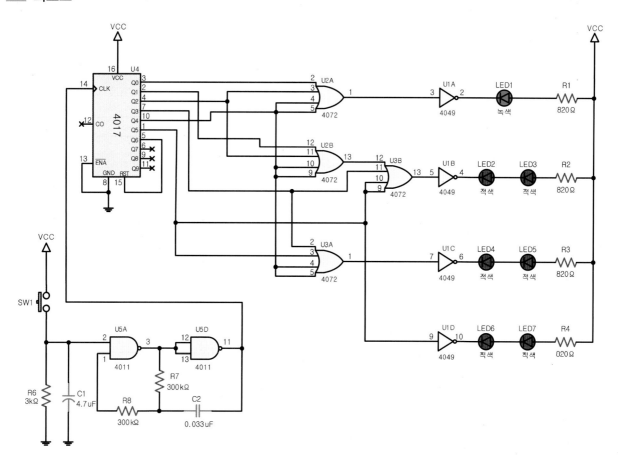

Logic IC Inside Arrangements

• 전자 사이크로

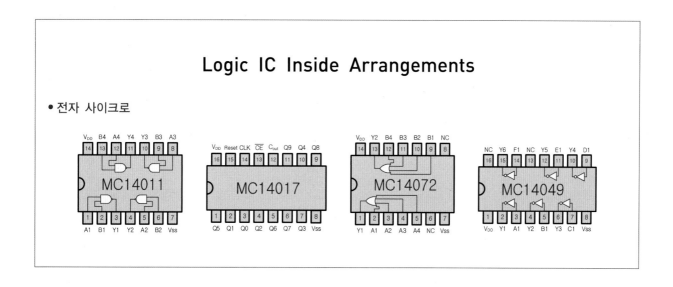

4 패턴도

부품면	이 부분을 보고 배치 작업을 하시오.

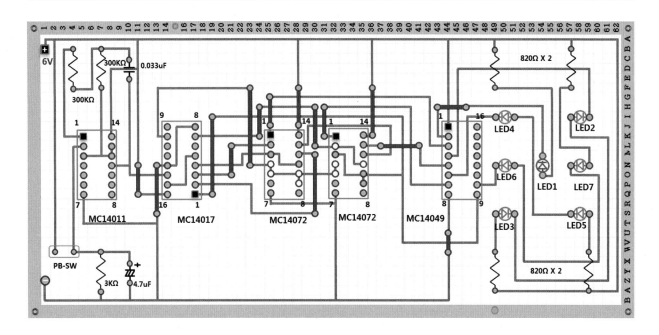

납땜면	이 부분을 보고 납땜 작업을 하시오.

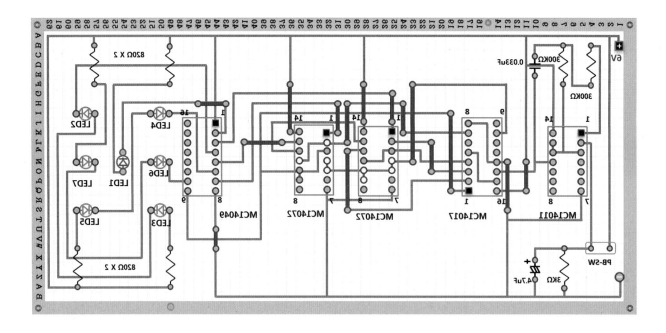

5 설명도

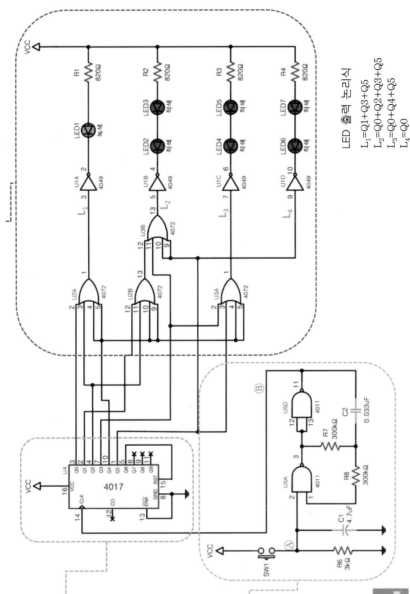

논리조합회로 및 LED 구동

① IC 4072는 가운터 출력을 조합하여 $L_1 \sim L_4$의 논리를 만들어 준다.
② IC 4049는 $L_1 \sim L_4$의 논리상태를 반전시켜주어 LED가 구동되도록 하며, 각 LED의 논리가 'H(1)'일 때 연결된 LED가 점등된다.

LED 출력 논리식

$L_1 = Q1 + Q3 + Q5$
$L_2 = Q0 + Q2 + Q3 + Q5$
$L_3 = Q0 + Q4 + Q5$
$L_4 = Q0$

디코더 카운터 회로(6진 카운터)

① IC 4017은 코드변환기를 내장한 5단 존슨 10진 카운터이다. 본 회로에서는 Q6(5번 핀)을 내면 리셋(15번 핀)과 연결되어 6진 가운터로 동작한다. 원하는 가운팅 수에의 설정은 Q0~Q9의 해당 출력을 리셋시켜 주는 방식으로 원하는 X진 가운터를 만들 수 있다.
② 입력 펄스를 가운트하여 해당 출력을 'H(1)'상태로 만들어 주며, 출력의 변하는 클록 펄스의 상승부에서 일어난다.

비안정 M/V 회로(펄스 발생 회로)

① SW1 OFF시 Ⓐ점은 'L(0)'상태로 NAND 게이트로 되 비안정 M/V는 발진하지 않는다.
② SW1 ON시 Ⓐ점이 'H(1)'상태가 되어 구형파 발진으로 되어 Ⓑ점에 펄스를 출력한다.
③ SW1을 눌렀다 떼도 콘덴서 C1이 R6을 통해 충전된 전하를 방전하게 되어 방전 시간 동안 Ⓐ점은 'H(1)'를 유지하고 C1의 방전이 끝나면 Ⓐ점이 'L(0)'가 되어 발진을 멈춘다.
④ 발진 주기$(T) \doteqdot 2.2(C2 \cdot R7) \doteqdot 22$ ms
발진 주파수$(f) = \dfrac{1}{T} \doteqdot 45.45$ Hz

전체 동작

① SW1을 눌러 펄스 발생 회로를 동작시켜 펄스가 발생되어 가운터 회로에서 6진 가운터 출력을 반복해서 발생하게 되고 IC 4072의 조합회로에서 조합하여 $L_1 \sim L_4$의 논리를 만들고 IC 4049에서 반전시켜 해당 LED가 점등되게 한다.
② SW1을 눌렀다 놓으면 펄스 수에 따라 $L_1 \sim L_4$의 방향에 따라 C1의 방전에 따라 일정시간 발진이 유지되어 유지되어 LED는 빠른 속도로 점멸하다가 발진이 정지되고 가운터 출력에 의해 조합되어 해당 LED만 점등 상태로 된다.

펄스 수에 따른 동작 및 LED 표시

Pulse	4017 출력						4049입력				LED 점등상태
	Q0	Q1	Q2	Q3	Q4	Q5	L₁	L₂	L₃	L₄	
0	H	L	L	L	L	L	L	H	H	H	(6)
1	L	H	L	L	L	L	H	L	L	L	(1)
2	L	L	H	L	L	L	L	H	L	L	(2)
3	L	L	L	H	L	L	H	H	L	L	(3)
4	L	L	L	L	H	L	L	L	H	L	(4)
5	L	L	L	L	L	H	H	H	H	L	(5)

작품명	전자 주사위	자격종목 및 등급	전자기기 기능사

※ 시험시간 : 4시간 30분

  ○ 제1과제(회로 스케치) : 1시간(실습 시 지도 교사의 지시에 의해 실시)

  ○ 제2과제(조립) : 3시간 20분

  ○ 제3과제(측정) : 10분(준비 및 조정 시간 포함)(지도 교사의 지시에 의해 실시)

1 요구 사항

① 지급된 재료를 사용하여 제한시간 내에 도면과 같이 조립하시오.

② 조립이 완료되면 다음 측정 및 질문에 답하시오.

  • PB 스위치를 눌렀을 경우와 떼었을 경우 U1A의 3번 단자 전압을 측정하시오.

  답 눌렀을 경우 (   ),   떼었을 경우 (   )

③ IC 74LS92의 6, 7번이 접지되지 않았을 경우 LED가 몇 개 점등되는가?

④ IC 74LS42의 12번이 접지되지 않았을 경우 LED가 몇 개 점등되는가?

⑤ IC(74LS92, 74LS00)을 소켓에 꽂아 IC 74LS00의 발진 여부를 확인하고자 한다. 발진이 되고 있을 때 발진 회로의 출력 전압은 얼마 정도가 정상인가?

2 재료 목록

부품명	규 격	수 량	부품명	규 격	수 량
IC	74LS00	1	LED	적색(2개씩 동일색)	6
	74LS04	1		녹색	1
	74LS10	1	다이오드	1N4001	1
	74LS42	1	저항	390 Ω	7
	74LS92	1		820 Ω	3
IC 소켓	14핀	4	전해 콘덴서	10 μF/16 V	2
	16핀	1	스위치	PB−SW(1P2T)	1

3 회로도

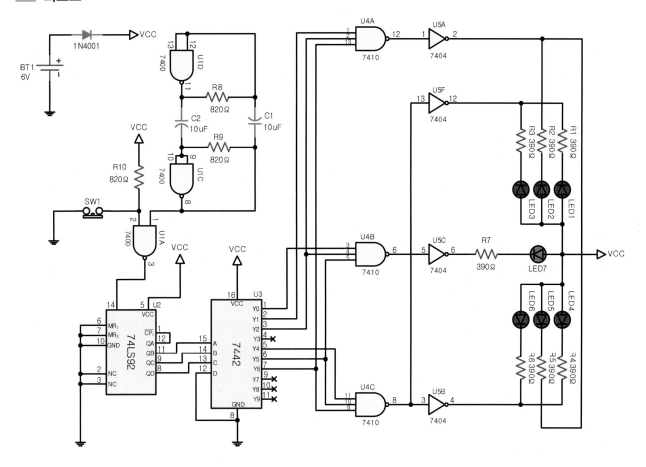

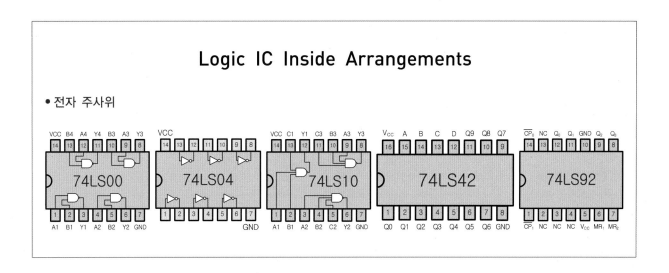

4 패턴도

부품면	이 부분을 보고 배치 작업을 하시오.

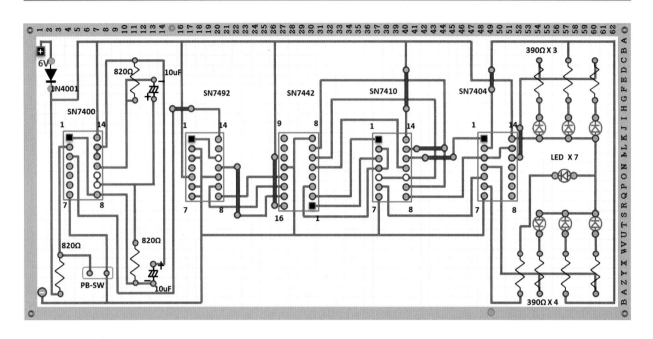

납땜면	이 부분을 보고 납땜 작업을 하시오.

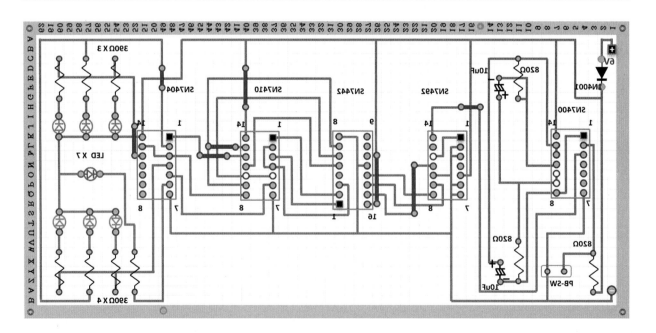

5 설명도

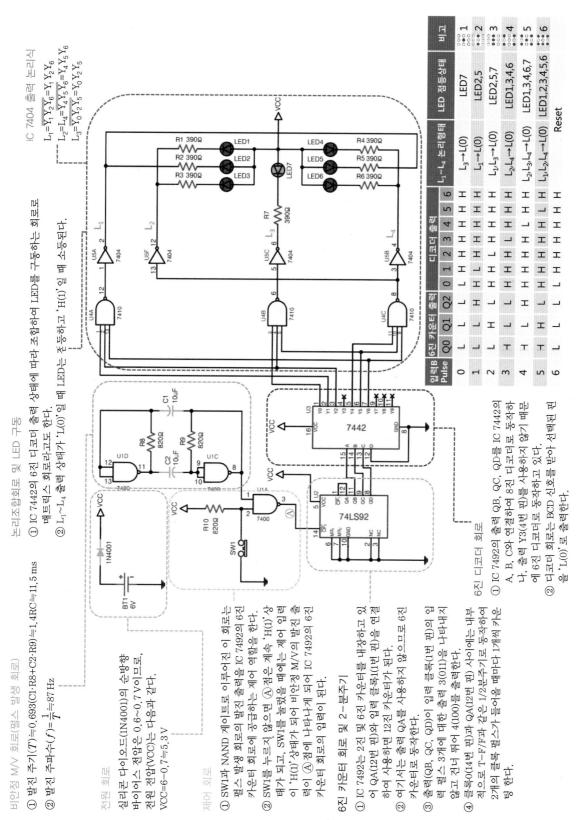

IC 7404 출력 논리식

$$L_1 = \overline{Y_1 Y_2 \cdot 6} = Y_1 Y_2 \cdot 6$$
$$L_2 = L_4 = \overline{Y_4 Y_5 \cdot 6} = Y_4 Y_5 Y_6$$
$$L_3 = \overline{Y_0 Y_2 Y_5} = Y_0 Y_2 Y_5$$

입력B Pulse	6진 카운터 출력			디코더 출력							L_1~L_4 논리형태	LED 점등상태	비고
	Q0	Q1	Q2	0	1	2	3	4	5	6			
0	L	L	L	L	H	H	H	H	H	H	$L_3 \rightarrow L(0)$	LED7	1
1	H	L	L	H	L	H	H	H	H	H	$L_1 \rightarrow L(0)$	LED2,5	2
2	L	H	L	H	H	L	H	H	H	H	$L_1 L_3 \rightarrow L(0)$	LED2,5,7	3
3	H	H	L	H	H	H	L	H	H	H	$L_2 L_4 \rightarrow L(0)$	LED1,3,4,6	4
4	L	L	H	H	H	H	H	L	H	H	$L_2 L_3 L_4 \rightarrow L(0)$	LED1,3,4,6,7	5
5	H	L	H	H	H	H	H	H	L	H	$L_1 L_2 L_4 \rightarrow L(0)$	LED1,2,3,4,5,6	6
6	L	H	H	H	H	H	H	H	H	L		Reset	

비안정 M/V 회로(펄스 발생 회로)
① 발진 주기(T)≒0.693(C1:R8+C2:R9)≒1.4RC≒11.5 ms
② 발진 주파수(f)= $\frac{1}{T}$ ≒87 Hz

전원 회로
실리콘 다이오드(1N4001)의 순방향 바이어스 전압은 0.6~0.7V이므로, 전원 전압(VCC)는 다음과 같다.
VCC=6-0.7≒5.3V

제어 회로
① SW1과 NAND 게이트로 이루어진 이 회로는 펄스 발생 회로의 발진 출력을 IC 7492의 6진 카운터 회로에 공급하는 제어 역할을 한다.
② SW1를 누르지 않으면 Ⓐ점은 계속 'H(1)' 상태가 되고, SW1를 눌렀을 때에는 제어 입력이 'H(1)'상태가 되어 비안정 M/V의 발진 출력이 Ⓐ점에 나타나게 되어 IC 7492의 6진 카운터 입력의 입력이 된다.

논리조합회로 및 LED 구동
① IC 7442의 6진 디코더 출력 상태에 따라 조합하여 LED를 구동하는 회로로 매트릭스 회로라고도 한다.
② L_1~L_4 출력 상태가 'L(0)'일 때 LED는 점등하고 'H(1)'일 때 소등된다.

6진 카운터 회로 및 2-분주기
① IC 7492는 2진 및 6진 카운터를 내장하고 있어 QA(12번 핀)와 입력 클록1(1번 핀)을 연결하여 사용하면 12진 카운터가 된다.
② 여기서는 출력 QA를 사용하지 않으므로 6진 카운터로 동작한다.
③ 출력(QB, QC, QD)이 입력 클록(1번 핀)의 입력 펄스 3개에 대한 출력 3(011)을 나타내지 않고 건너 뛰어 4(100)를 출력한다.
④ 클록0(14번 핀)과 QA(12번 핀) 사이에는 내부 적으로 T-F/F과 같은 1/2분주기로 동작하여 2개의 클록 펄스가 들어올 때마다 1개씩 가운터링 한다.

6진 디코더 회로
① IC 7492의 출력 QB, QC, QD를 IC 7442의 A, B, C와 연결하여 8진 디코더로 동작하나, 출력 Y3(4번 핀)를 사용하지 않기 때문에 6진 디코더로 동작하고 있다.
② 디코더 회로는 BCD 신호를 받아 선택된 핀을 'L(0)'로 출력한다.

작품명	채널 전환 회로	자격종목 및 등급	전자기기 기능사

※ 시험시간 : 4시간 30분

○ 제1과제(회로 스케치) : 1시간(실습 시 지도 교사의 지시에 의해 실시)

○ 제2과제(조립) : 3시간 20분

○ 제3과제(측정) : 10분(준비 및 조정 시간 포함)(지도 교사의 지시에 의해 실시)

1 요구 사항

① 지급된 재료를 사용하여 제한시간 내에 도면과 같이 조립하시오.

② 조립이 완성되면 스위치를 전환할(누를) 때마다 출력단자 측의 LED1, LED2, LED3가 순차적으로 점등되고 LED1, LED2, LED3가 출력 상태일 때 LED가 점등되며, 마지막 상태에서는 단속 발진음이 나와야 한다.

③ 위 동작이 되지 않을 경우 틀린 회로를 수정하여 정상 동작이 되도록 하시오.

④ 별지로 지급된 회로 스케치 작업을 완성하여 1시간 내에 답안지를 시험위원에게 제출하고 실기 작업에 임하시오.

2 재료 목록

부품명	규 격	수 량	부품명	규 격	수 량
IC	NE555/74LS155	각 1	전해 콘덴서	10 μF/16 V	1
	74LS76/74LS00	각 1		2.2 μF/16 V	2
IC 소켓	8핀/14핀	각 1	마일러 콘덴서	0.1 μF	1
	16핀	2	트랜지스터	2SC1815	2
저항	27 kΩ	3	스위치	토클 3P(U/P SW)	1
	3.9 kΩ	2	다이오드	1N4001	1
	330 Ω	1	LED	적색	3
	1 kΩ	3	스피커	2.5"	1
	5.6 kΩ	1			

3 회로도

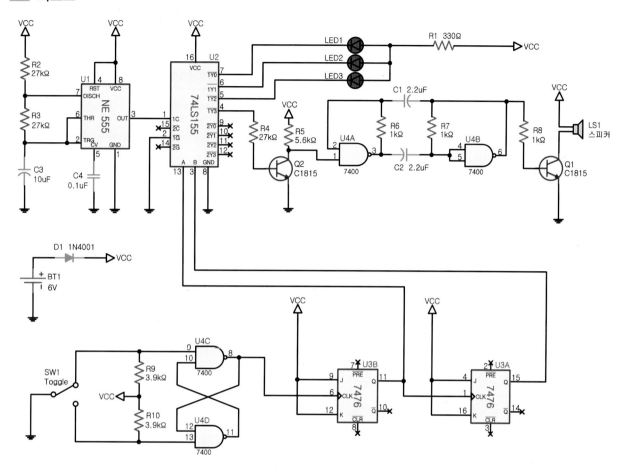

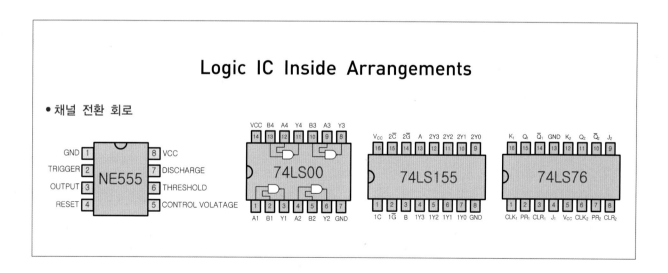

4 패턴도

부품면	이 부분을 보고 배치 작업을 하시오.

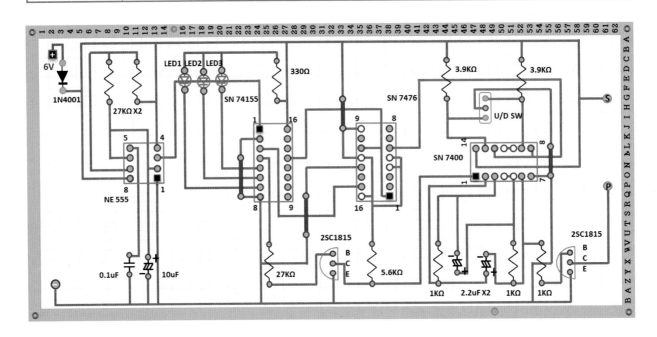

납땜면	이 부분을 보고 납땜 작업을 하시오.

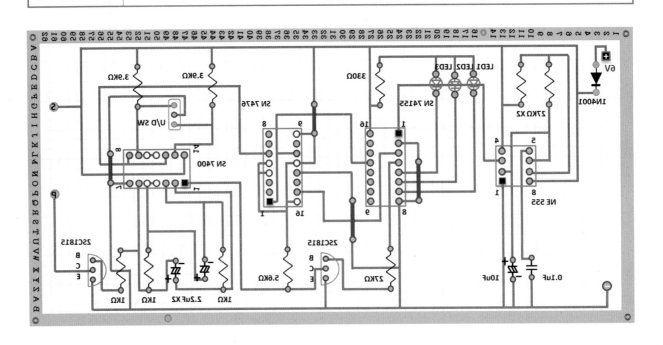

5 설명도

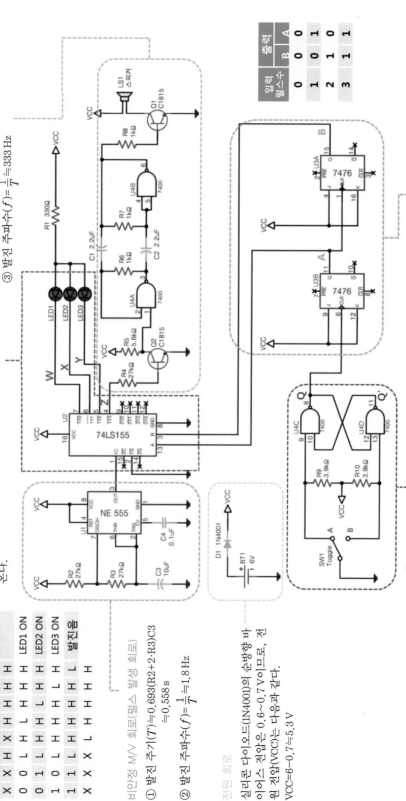

채널 전환 회로

① IC 74155는 Dual 2 to 4 line Decoder로 한쪽만 사용하여 디멀티플렉서 기능으로 사용한다.

② Data 1C(1번 핀)이 'H(1)' 상태일 동안 4진 가운터 출력이 INPUT A와 B에 가해져 select INPUT A와 B에 가해져 출력 1Y0~1Y3(W, X, Y, Z)는 A와 B의 변화에 의해 차례로 'L(0)' 상태 출력이 나온다.

비안정 M/V 회로(펄스 발생 회로)

① 발진 주기(T)≒0.693(R2+2·R3)C3 ≒0.558 s

② 발진 주파수(f)=$\frac{1}{T}$≒1.8 Hz

전원 회로

실리콘 다이오드(1N4001)의 순방향 바이어스 전압은 0.6~0.7V이므로, 전원 전압(VCC)는 다음과 같다.
VCC=6-0.7≒5.3 V

Select		Stobe		OUTPUT								결과 및 LED 및 스피커
INPUT				Data								
B	A	1G	1C	1Y0	1Y1	1Y2	1Y3	W	X	Y	Z	
X	X	H	X	H	H	H	H	H	H	H	H	발진음
0	0	L	H	L	H	H	H	L	H	H	H	LED1 ON
0	1	L	H	H	L	H	H	H	L	H	H	LED2 ON
1	0	L	H	H	H	L	H	H	H	L	H	LED3 ON
1	1	L	H	H	H	H	L	H	H	H	L	발진음
X	X	X	L	H	H	H	H	H	H	H	H	발진음

비안정 M/V 회로(스피커 출력 발진)

① IC 74155의 4번 핀 출력이 'L(0)' 상태일 때만 Tr(Q2)이 차단되어 비안정 M/V 회로의 2번 핀에 'H(1)' 상태가 가해져 발진하게 되고 발진음이 스피커로 들린다.

② 발진 주기(T)≒0.693(R6·C1+R7·C2)≒3 ms

③ 발진 주파수(f)=$\frac{1}{T}$≒333 Hz

입력 펄스수	출력 B	A
0	0	0
1	0	1
2	1	0
3	1	1

1/4 분주 가운터 회로

RS-F/F 회로에서 발생된 펄스를 받아 두 개의 JK-F/F(J=K=1→T-F/F)에서 펄스를 분주하고 분주된 펄스를 또 분주시켜 두 개의 출력 A와 B로부터 4진 가운터 출력을 얻을 수 있다.

펄스 발생 RS-F/F 회로

① RS-F/F으로 대치 회로로 SW1 전환시 채터링을 방지하기 위하여 3.9 kΩ의 저항을 VCC와 접속한다.

② 토글 3단 SW를 A쪽으로 이동시 요청에 펄스를 발생하게 공급하게 한다.

③ SW1을 A접으로 이동시 Q=1, Q̄=0, SW를 B접으로 이동시 Q=0, Q̄=1이 되어 1개의 펄스를 발생시킨다.

④ 3.9 kΩ의 저항은 스위치 ON/OFF 시 발생하는 접점에 의한 오동작을 방지하기 위한 채터링 방지 회로

작품명	횡단보도 제어기	자격종목 및 등급	전자기기 기능사

※ 시험시간 : 4시간 30분

○ 제1과제(회로 스케치) : 1시간(실습 시 지도 교사의 지시에 의해 실시)

○ 제2과제(조립) : 3시간 20분

○ 제3과제(측정) : 10분(준비 및 조정 시간 포함)(지도 교사의 지시에 의해 실시)

1 요구 사항

○ 제1과제 : 별지로 지급된 패턴도를 보고 답안지에 회로 스케치를 완성하시오.

○ 제2과제

① 지급된 재료를 사용하여 주어진 도면과 같이 횡단보도 제어기를 조립하시오.

② 조립이 완료되면 다음 순서로 동작이 되는지 확인하시오.

• RESET 스위치를 누르면 LED1 소등, LED2 점등, … 등의 상태가 되며, 시간의 경과에 따라 다음과 같이 된다.

(● : LED 점등, ○ : LED 소등)

순 서	LED1	LED2	LED3	LED4	LED5	비 고
1	○	●	●	○	○	초기 상태(보도 통과)
2	○	●	●	○	○	L2가 4회 점멸(보도 경고)
3	●	○	○	○	●	L1, L5 점등(차도 통과)
4	●	○	○	●	○	L4 점등(차도 경고)
5	○	●	●	○	○	초기 상태(보도 통과)

③ 위 동작이 되지 않을 경우 틀린 회로를 수정하여 정상 동작이 되도록 하시오.

2 재료 목록

부품명	규 격	수 량	부품명	규 격	수 량
IC	74LS93	1	저항	5.6 kΩ	6
	74LS73	1		470 Ω	5
	74LS00	1	전해 콘덴서	10 μF/16 V	1
	74LS08	1		220 μF/16 V	2
IC 소켓	14핀	4	탄탈 콘덴서	4.7 μF/16 V	2
트랜지스터	2SA562	2	스위치	PB-SW(1P2T)	1
	2SC1815	4	LED	적색/녹색	각 2
저항	1 kΩ	2		황색	1
	820 Ω	1	다이오드	1N4001	2

3 회로도

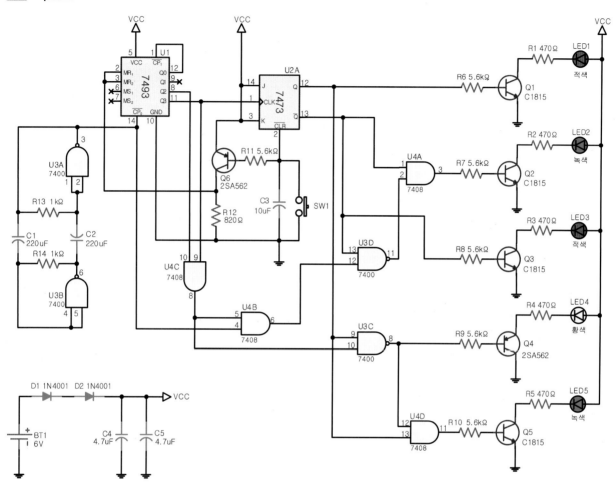

Logic IC Inside Arrangements

• 횡단 보도 제어기

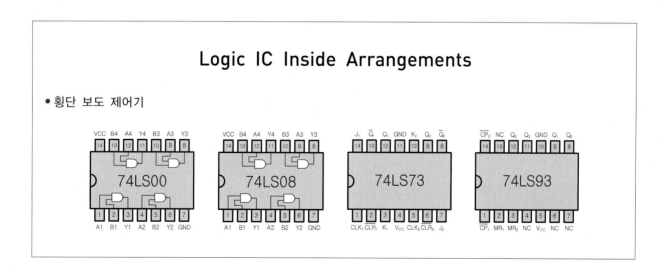

4 패턴도

부품면	이 부분을 보고 배치 작업을 하시오.

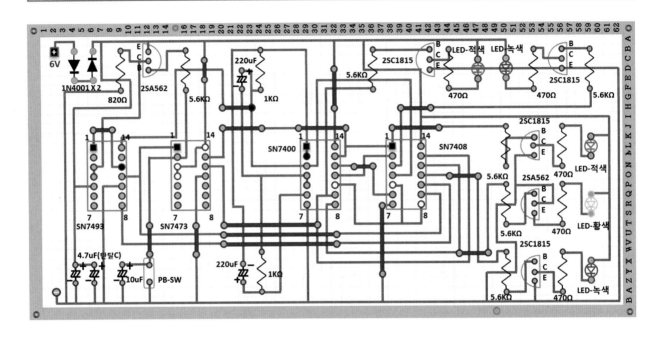

납땜면	이 부분을 보고 납땜 작업을 하시오.

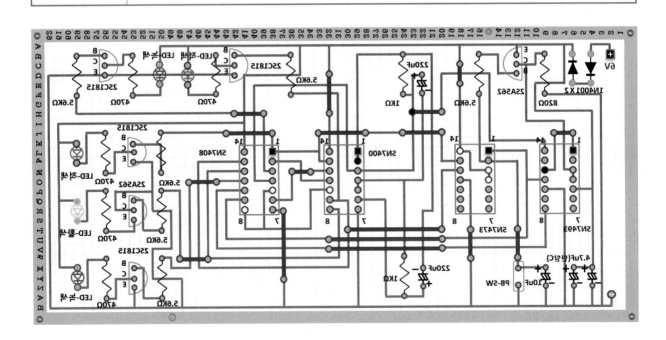

5 설명도

LED 제어(Tr 구동) 논리조합 회로
논리게이트 G1~G6은 트랜지스터(Q2, Q4, Q5)를 제어하기 위한 논리조합 회로이다.

SW 상태 및 펄스 수	보도 및 차도 상태	표시등 상태
SW1 누름	초기 상태(보도 통과)	LED2, LED3 ON
12번째 펄스	보도 경고 상태	LED2 3회 점멸, LED3 ON
16번째 펄스	차도 통과 상태	LED1, LED5 ON
28번째 펄스	차도 경고 상태	LED1, LED4 ON
32번째 펄스	초기 상태(보통 상태)	LED2, LED3 ON

2분주 회로
① IC 7473은 JK-F/F이며, 입력 J, K에 각각 VCC가 인가되어 T-F/F으로 동작한다.
② IC 7493의 Q3 출력을 받아 2분주하여 출력되는 Q1(Tr), G4, G6에 공급되고, 출력되는 Q3(Tr), G3에 공급된다.

16진 카운터
① 회로에서 입력 $\overline{CP_1}$(1번 핀=8진 입력)와 Q0(12번 핀=2진 출력)가 접속되어 16진 카운터로 동작한다.
② MR₁, MR₂(2, 3번 핀)이 'L(0)' 상태에서 입력 펄스를 정상가 운트하게 된다.
③ MR₁, MR₂가 'H(1)'상태가 되면 리셋되어 모든 출력(Q0~Q3)이 'L(0)'이 된다.

비안정 M/V 회로(펄스 발생 회로)
① NAND 게이트 2개를 이용한 비안정 M/V회로로 IC 7493의 입력 $\overline{CP_0}$(14번 핀)와 G2의 입력에 펄스를 공급하게 된다.
② 발진 주기(T)≒0.693(C1·R13+C2·R14)≒1.4RC≒0.3s
③ 발진 주파수(f)=$\frac{1}{T}$≒3.33 Hz

전원 회로
① 실리콘 다이오드(1N4001)의 순방향 바이어스 전압은 0.6~0.7V이므로, 전원 전압(VCC)는 다음과 같다.
VCC=6-1.2≒4.8 V
② 탄탈 콘덴서(C4, C5)는 고주파 특성 향상을 위한 평활용 콘덴서이다.

리셋 회로
① SW1(Reset) OFF시 Tr의 베이스가 콘덴서의 충전 전하에 의해 'H(1)' 상태가 되어 차단(PNP형 Tr)되고 MR, MR₂에는 'L(0)'가 가해져 IC 7473의 CRL(2번 핀)은 'H(1)' 상태가 공급되어 정상 분주를 하게 된다.
② SW1 ON시는 IC 7473의 CLR(2번 핀)에는 'L(0)', Tr 베이스도 'L(0)'가 공급되고 Tr이 도통되어 IC 7493의 2, 3번이 'H(1)'가 공급되어 가운터와 분주회로가 리셋된다.

작품명	계수 마감 경보 회로	자격종목 및 등급	전자기기 기능사

※ 시험시간 : 4시간 30분

- 제1과제(회로 스케치) : 1시간(실습 시 지도 교사의 지시에 의해 실시)
- 제2과제(조립) : 3시간 20분
- 제3과제(측정) : 10분(준비 및 조정 시간 포함)(지도 교사의 지시에 의해 실시)

1 요구 사항

- 제1과제 : 별지로 지급된 패턴도를 보고 답안지에 회로 스케치를 완성하시오.
- 제2과제 : ① 가능한 견고하고 조작이 편리하도록 조립하시오.

    ② 물음에 답하시오.

    ㉮ 디코더 IC 74LS47의 3번 단자(LT)는 어떤 역할을 하는가?

    ㉯ 과제회로에서 프리셋 수를 6으로 하려면 DIP 스위치의 상태는 어떻게 해야 하는가?

    (ON, OFF로 표시하시오).

스위치 번호	a 1	b 2	c 3	d 4
상태				

    ③ 프리셋 조작요령과 정상 동작을 설명한 것이다. 다음과 같이 되도록 하시오.

    ㉮ 전원을 투입하면 표시등은 ON, LED는 OFF 상태로 있다.

    ㉯ LOAD 스위치(SW2)를 누르면 예약된 프리셋 숫자가 표시된다.

    ㉰ SW1을 누르거나 CDS를 차광할 때마다 개수는 하나씩 감소되어 0까지 된 다음 9가 되는 순간 버저와 표시등(LED2)이 켜지고 계수는 정지한다.

    ㉱ 또 다시 동작을 개시하려면 SW3를 눌러 표시등을 켜고, SW2를 눌러 숫자를 프리셋 한 다음 입력(SW1)을 가하면 된다.

    ㉲ SW1으로 계수 펄스를 입력할 경우 CDS에 가하지 않는 상태로 한다.

    ④ 작품을 제출할 경우 프리셋 수가 8이 되도록 하시오.

2 재료 목록

부품명	규 격	수 량	부품명	규 격	수 량
IC	74LS47	1	LED	적색/녹색	각 1
	74LS192	1	CDS	소형	1
	74LS73/74LS00	각 1	트랜지스터	2SC1959	2
정전압 IC	LM7805	1	저항	10 Ω/6.8 kΩ	각 1
IC 소켓	14핀 (FND 고정용 포함)	3		330 Ω	9
	16핀	2		680 Ω	4
버저	5 V	1		2.2 kΩ/10 kΩ	각 2
전해 콘덴서	10 μF/220 μF/16 V	각 1	스위치	PB-SW(1P2T)	3
마일러 콘덴서	0.1 μF	1	DIP SW	4핀(BCD형)	1
FND	507(+공통형)	1			

3 회로도

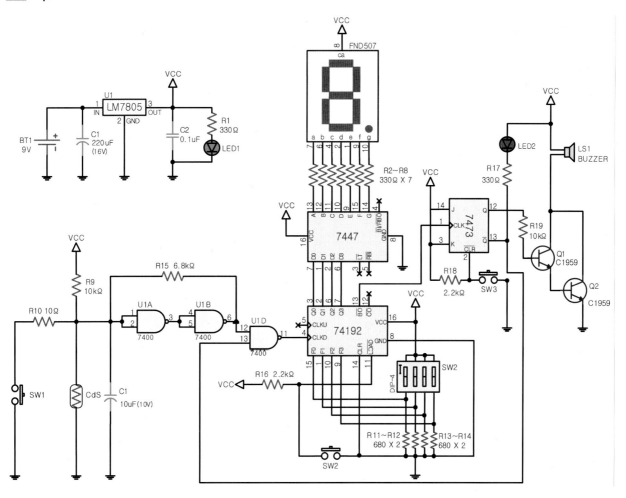

Logic IC Inside Arrangements

• 계수 마감 경보 회로

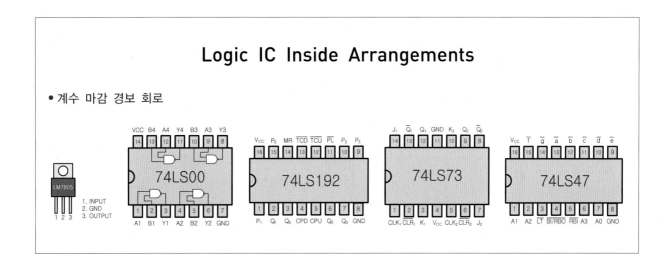

4 패턴도

부품면	이 부분을 보고 배치 작업을 하시오.

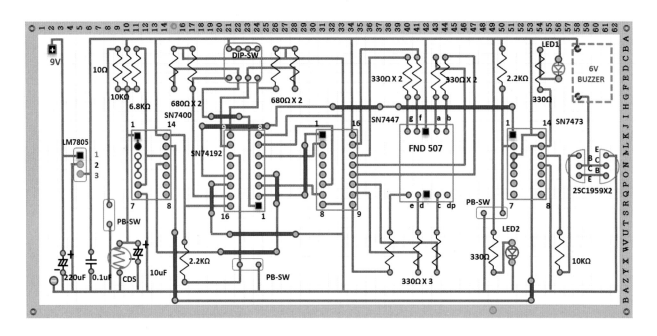

납땜면	이 부분을 보고 납땜 작업을 하시오.

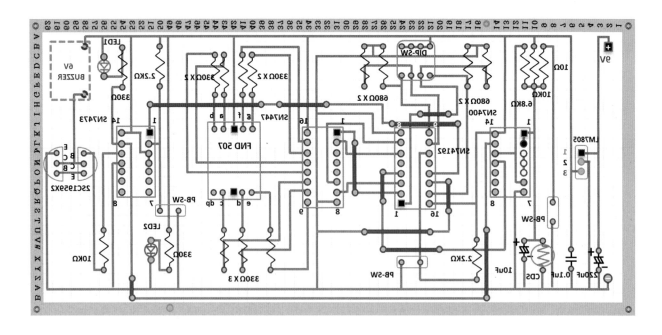

계수 마감 경보 회로

5 설명도

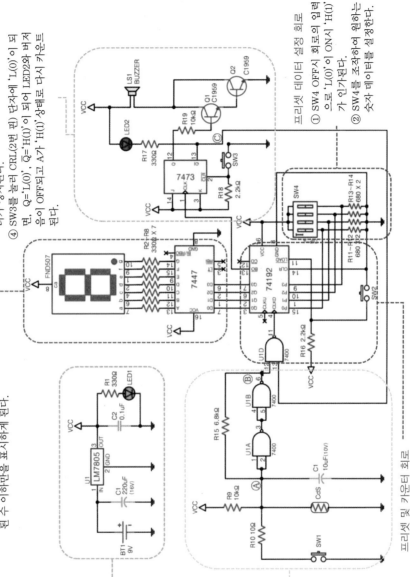

부저 회로 및 버저 구동 회로

① IC 7473은 JK-F/F이지만 J, K가 VCC에 접속 T-F/F으로 동작하여 입력 펄스를 2분주하여 Q와 Q̄출력을 내보낸다.
② 입력 펄스(1번 핀~CP)가 'H(1)'→'L(0)'가 될 때 Q='H(1)', Q̄='L(0)'이 되어 버저음이 나며 LED27가 ON된다.
③ Q가 'L(0)' 상태로 ⓒ점이 'L(0)'가 되어 카운트가 정지된다.
④ SW3를 눌러 CRL(2번 핀) 단자에 'L(0)'이 되면, Q='H(1)', Q̄='L(0)', 음이 OFF되고 A가 'H(1)' 상태로 다시 카운트 된다.

7-segment 디코더 드라이브

IC 74192의 프리셋된 카운트 출력에 따라 프리셋된 수 이하만을 표시하게 된다.

전원 회로(단락전류 보호용 정전압 회로)

① 7805 IC는 3단자 레귤레이터 (+전압용 IC)이다.
② 전원 +9V가 정전압 IC(7805)의 입력단자(1pin)에 공급되어 출력단자(3pin)에서 +5V의 VCC 전압을 얻는다.

프리셋 데이터 설정 회로

① SW4 OFF시 회로의 입력이 'L(0)'이 ON시 'H(1)'으로 'L(0)'이 인가된다.
② SW4를 조작하여 원하는 숫자 데이터를 설정한다.

프리셋 및 카운터 회로

① SW2를 누르면 LOAD(11번 핀)이 'L(0)' 상태가 되어 SW4에서 설정된 데이터가 카운트 IC에 프리셋된다.
② Down 카운트 입력(4번 핀)에 펄스 출력과 ⓒ점의 출력이 NAND 게이트로 연결되어 Down 카운트로 동작한다.
③ ⓒ점이 'H(1)' 상태일 때 발생된 펄스가 반전되어 4번 핀에 가해져 카운트로 동작한다.
④ ⓒ점이 'L(0)' 상태일 때는 4번 핀에 'H(1)' 상태가 가해져 카운트가 정지한다.
⑤ 카운터 출력이 0에서 9로 변화할 때 13번 핀(BO)에서 'H(1)'→'L(0)'의 클록 펄스를 내보낸다.

펄스 발생 회로

1. SW1 이용
① SW1이 OFF 상태일 때 ⓐ점과 ⓑ점 모두 'H(1)'상태이다.
② SW1이 ON되면 C1이 R10을 통해 방전하며 ⓐ점이 'L(0)'로 된다.
③ 다시 SW1을 OFF시키면 C1은 R9를 통해 충전되고 일정 전위를 넘으면 ⓑ점이 다시 'H(1)' 상태로 된다.

2. CdS 이용
① CdS에 빛을 차단하면 CdS의 저항은 무한대이므로 ⓐ점이 되어 ⓐ점과 ⓑ점 모두 'H(1)' 상태가 된다.
② CdS에 빛을 받으면 CdS는 매우 작은 저항값이 되며 ⓐ점이 'L(0)'이 되면 ⓑ점도 'L(0)'이 된다.
③ CdS의 빛을 비추거나 차단시에는 동작을 반복하면 일정 주기를 갖는 펄스를 발생시킨다.

작품명	전자 룰렛	자격종목 및 등급	전자기기 기능사

※ 시험시간 : 4시간 30분

○ 제1과제(회로 스케치) : 1시간(실습 시 지도 교사의 지시에 의해 실시)

○ 제2과제(조립) : 3시간 20분

○ 제3과제(측정) : 10분(준비 및 조정 시간 포함)(지도 교사의 지시에 의해 실시)

1 요구 사항

○ 제1과제 : 별지로 지급된 패턴도를 보고 답안지에 회로 스케치를 완성하시오.

○ 제2과제

① 지급된 재료를 사용하여 제한시간 내에 도면과 같이 조립하시오.

② LED는 반드시 원형으로 배열하시오.

③ 조립이 완성되면 전원을 인가하여 원형으로 배열한 LED 중 마주 보고 있는 LED가 점등되는지 확인한 다음 START 스위치를 눌러 전체 LED가 순차적으로 일정 시간 동안 반시계 방향으로 회전하도록 하시오.

④ 반고정 저항(VR1)으로 LED의 점등 회전 속도를 적당히 조정하여 8~10초 동안 전체 LED가 순차적으로 회전하도록 하시오.

⑤ START 스위치를 누른 후 LED가 점등 회전하는 시간을 지연시키려면 C1의 값은 어떻게 해야 하는가 ?

2 재료 목록

부품명	규 격	수 량	부품명	규 격	수 량
IC	74LS42	1	저항	750 Ω	1
	74LS73	1		820 Ω	1
	MC4518	1		1 kΩ	1
IC 소켓	14핀	1	반고정 저항	10 kΩ	1
	16핀	2	전해 콘덴서	2.2 μF/220 μF/16 V	각 1
트랜지스터	2SA1015(561)	2	PUT	N13T-1(2N6027)	1
	2SC1959(735)	1	스위치	PB-SW(1P2T)	2
저항	6.8 kΩ	2	LED	적색	20
	390 Ω	2	제너 다이오드	RD5A	1

3 회로도

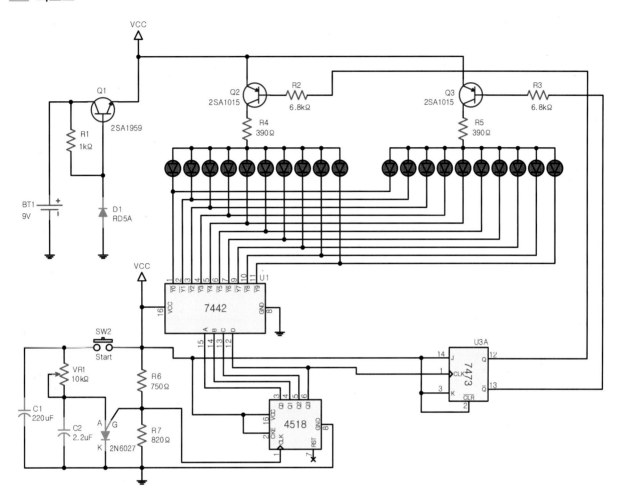

Logic IC Inside Arrangements

• 전자 룰렛

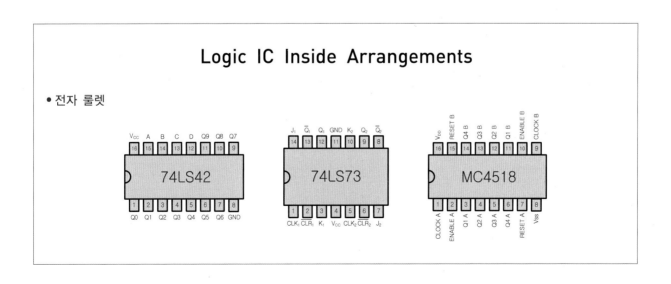

4 패턴도

부품면	이 부분을 보고 배치 작업을 하시오.

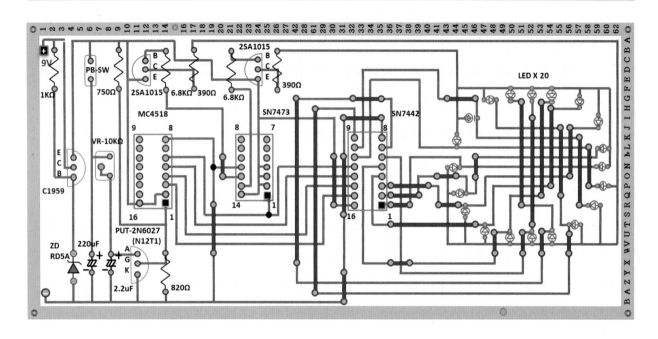

납땜면	이 부분을 보고 납땜 작업을 하시오.

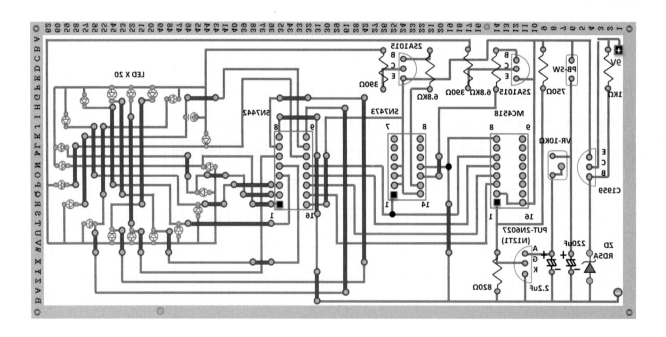

10진 디코더 및 LED 구동 회로

① IC 7442는 10진 디코더로 BCD 입력을 해독하여 그 값에 해당하는 출력을 'L(0)' 상태로 만들어 준다.

② Tr1, Tr2는 T-F/F(U3A) 출력인 Q, $\bar{Q}$에 의해 서로 상반되게 동작하여(Q가 'L(0)' → Tr1동작, $\bar{Q}$가 'L(0)' → Tr2동작) LED에 전원이 공급되게 한다.

③ IC 7442의 출력과 IC 7473의 출력에 따라 LED가 순차적으로 점등되어 원형 배치시 LED의 점등상태가 회전하는 형태가 된다.

분주 회로(Tr 구동 회로)

① JK-F/F이나 T-F/F(J=K=VCC(H) 접속)으로 동작한다.

② IC 7490은 QD로 부터 입력을 받아 그 입력 펄스를 2분주하게 되어 Q(12번 핀)는 Tr1을 $\bar{Q}$ (13번 핀)은 Tr2를 구동시킨다.

10진 카운터 회로

① PUT 발진회로의 출력 펄스를 받아 10진 가운트하여 10진 BCD를 출력한다.

② Q1~Q3출력(BCD 출력)을 10진 디코더 회로의 입력의 가한다.

③ Q3 출력은 IC 7473(U3A)의 T-F/F 클록 입력에 접속되어 IC 4518의 입력 펄스가 10개 단위가 될 때마다 1개의 펄스를 만들어 공급한다.

펄스 발생(PUT) 회로

① Start SW OFF시는 A점의 전위가 G점의 전위(R2, R3에 의한 분압 전압)보다 낮게 되어 발진하지 못한다.

② Start SW를 눌렀다 놓게 되면 C1과 C2가 충전되고 A(애노드)점의 전위가 G(게이트)점의 전위보다 높아지고 A~K간에 도통되어 G점의 전위('L(0)' 레벨)가 낮아진다.

③ A~K간이 도통되면 C2가 A~K간의 내부 저항을 통하여 방전하게 되고 A점의 전위가 'L(0)' 레벨로 된다(A~K간 차단).

④ A점 레벨이 'L(0)'으로 떨어지면 C27 C1의 충전 전하에 의해 다시 충전(A~K간 도통)을 반복하게 된다.

⑤ 그러므로 G점에 클록 펄스가 발생하게 되며 C1의 용량이 크면 전체 발진시간(지연 시간)을 길게 하고 VR과 C2 용량이 크면 펄스 발진 주기를 길게 할 수 있다.

⑥ 발진 주기(T)

$$T \fallingdotseq 0.693 \; R1(VR1)C2 \fallingdotseq 0.15 \; s$$

5 설명도

작품명	예약된 숫자 표시기	자격종목 및 등급	전자기기 기능사

※ 시험시간 : 4시간 30분

○ 제1과제(회로 스케치) : 1시간(실습 시 지도 교사의 지시에 의해 실시)

○ 제2과제(조립) : 3시간 20분

○ 제3과제(측정) : 10분(준비 및 조정 시간 포함)(지도 교사의 지시에 의해 실시)

1 요구 사항

① 주어진 시간 내에 지급된 도면과 재료를 사용하여 회로를 완성하시오.

② 누름 버튼(PB) 스위치는 기판에 고정시키고 스위치는 왼쪽부터 순서대로 배치하시오.

③ 스위치(SW1 = 0, SW2 = 2, SW4 = 3, SW5 = 4, SW6 = 5)를 눌렀다 놓으면 스위치의 해당 숫자가 FND에 표시되도록 하시오.

④ 위 동작이 되지 않을 경우 틀린 회로를 수정하여 정상 동작이 되도록 하시오.

⑤ 별지로 지급된 회로 스케치 작업을 완성하여 1시간 내에 답안지를 시험위원에게 제출하고 실기 작업에 임하시오.

2 재료 목록

부품명	규 격	수 량	부품명	규 격	수 량
IC	74LS147	1	다이오드	1N4001	1
	74LS190	1	저항	330 Ω	1
	74LS47	1		1 kΩ	1
	74LS10	1	전해 콘덴서	1 μF/16 V	1
	74LS04	1	스위치	PB-SW(1P2T)	6
IC 소켓	14핀 (FND 고정용 포함)	3	FND	507(+공통형)	1
	16핀	3			

3 회로도

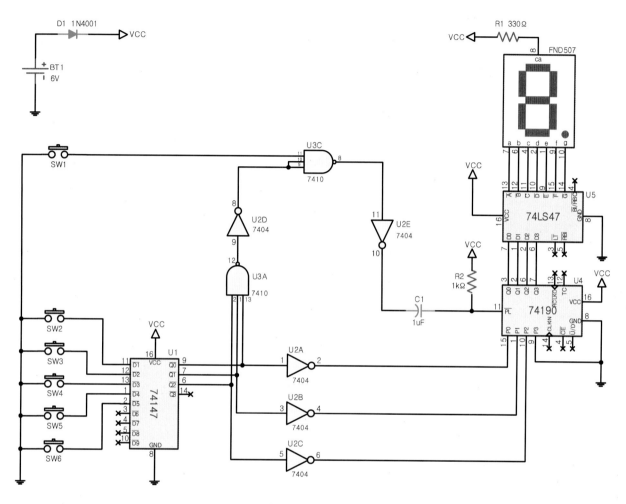

Logic IC Inside Arrangements

• 예약된 숫자 표시기

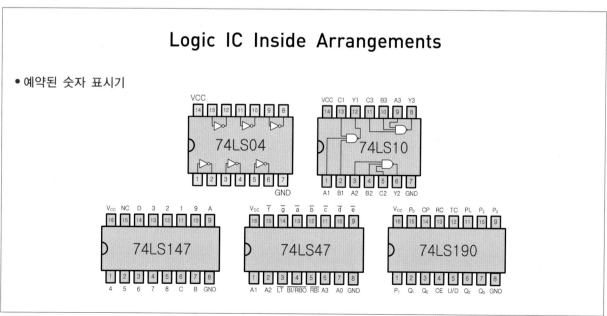

4 패턴도

부품면	이 부분을 보고 배치 작업을 하시오.

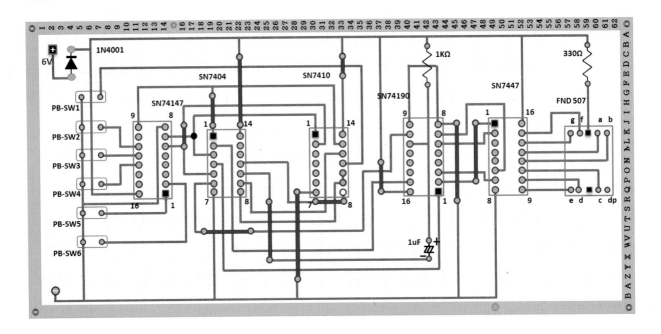

납땜면	이 부분을 보고 납땜 작업을 하시오.

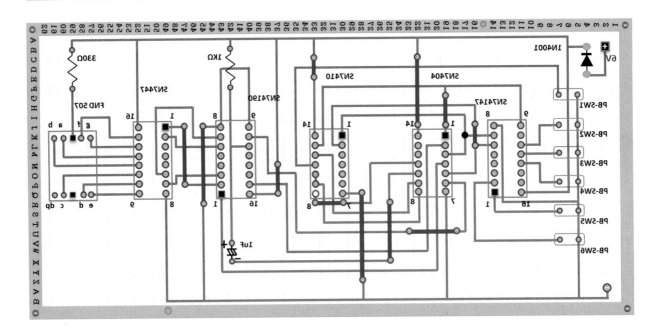

5 설명도

리셋 및 프리셋 기능 회로

1. 리셋 기능
① SW1(Reset SW)만을 누르면 ⑧점이 'L(0)' 상태로 ⓒ점이 'H(1)'상태가 콘덴서 C1을 통해 순간 전류가 출력 ⓒ점이 'L(0)'상태가 되어 이때 IC 74190 인가되어 프리셋 되게 되고 콘덴서 C1의 충전이 끝나면 ⓒ점은 다시 'H(1)'상태가 된다.
② 결국 SW1은 리셋의 기능을 하게 된다.

2. SW에 의한 프리셋 기능
① SW2~SW6 중 어느 하나를 누르게 되면 IC 74147의 출력 중 하나가 'L(0)'신호가 되어 ⑧점이 'L(0)'상태가 되어 적분회로의 C에 의해 순간 ⓒ점이 'L(0)'가 되고 이 때 IC 74190에 입력된 신호가 프리셋 된다. 콘덴서 C와 충전이 끝난 후 ⓒ점은 다시 'H(1)'상태를 유지한다.
②

엔코더 회로
① IC 74147은 10 to 4 Line Priority 엔코더로 10진수 입력을 BCD 코드로 변환시켜준다 (IC 7442의 동작과는 반대이다).
② 우선 회로에 의해 동시에 두 입력이 가해져서 높은 수의 BCD 코드가 출력된다.
③ 입력과 출력 모두 음(-) 논리로 동작한다.

전원 회로
① 실리콘 다이오드(1N4001)의 순방향 바이어스 전압
$V_D = 0.6 \sim 0.7\,V$
② $VCC = 6 - V_D \fallingdotseq 5.3\,V$

FND 구동 회로
① IC 7447은 4 bit 2진수 값의 입력을 받아 C·A 타입의 소자(FND 507)에 숫자를 표시할 수 있는 코드로 변환하는 디코더 드라이버
② FND에 숫자를 표시

카운터 회로
① 입력 중 P3(9번 핀)을 접지시켰으므로 3 bit의 8진 입력신호를 받아들인다.
② PI(11번 핀)이 'L(0)'상태일 때 입력된 신호를 프리셋시키게 된다.

인터페이스 회로
IC 7404는 IC 74147의 출력을 반전시키는 NOT 게이트이다.

SW 조작에 따른 동작표(L→H는 'L(0)'로 되었다 후 'H(1)' 상태로 변한다.)

SW(L=ON, H=OFF)						74147 출력			각 점의 논리				74190 입력			74190 출력				FND
0	1	2	3	4	5	Q2	Q1	Q0	Ⓐ	Ⓑ	ⓒ	ⓒ	P2	P1	P0	Q3	Q2	Q1	Q0	숫자
H	H	H	H	H	H											이전상태유지				이전상태
L	H	H	H	H	H	H	H	H	L	H	L	L→H	L	L	L	L	L	L	L	0
X	L	H	H	H	H	H	H	L	L	H	L	L→H	L	L	H	L	L	L	H	1
X	X	L	H	H	H	H	L	H	L	H	L	L→H	L	H	L	L	L	H	L	2
X	X	X	L	H	H	H	L	L	L	H	L	L→H	L	H	H	L	L	H	H	3
X	X	X	X	L	H	L	H	H	L	H	L	L→H	H	L	L	L	H	L	L	4
X	X	X	X	X	L	L	H	L	L	H	L	L→H	H	L	H	L	H	L	H	5

작품명	자동 링 카운터	자격종목 및 등급	전자기기 기능사

※ 시험시간 : 4시간 30분

○ 제1과제(회로 스케치) : 1시간(실습 시 지도 교사의 지시에 의해 실시)

○ 제2과제(조립) : 3시간 20분

○ 제3과제(측정) : 10분(준비 및 조정 시간 포함)(지도 교사의 지시에 의해 실시)

1 요구 사항

○ 제1과제 : 별지로 지급된 패턴도를 보고 답안지에 회로 스케치를 완성하시오.

○ 제2과제

① 지급된 재료를 사용하여 도면의 회로를 표준시간 내에 조립하시오.

② CDS에 빛 투과 시 링 카운터가 동작되도록 조립하고, CDS로부터 10 cm 정도 위에서 빛 차단 시 링 카운터가 OFF되도록 VR1과 VR2를 조정하시오.

㉮ 74LS00의 펄스 주기를 계산하시오.

㉯ 회로에서 74LS00 IC의 주된 기능은 무엇인가?

㉰ TR1의 순 바이어스 전압은 빛이 투과될 때와 차단될 때 중 어느 때 더 많이 걸리겠는가?

㉱ 74LS42 11번 핀의 LED(9 카운터 자리)가 ON될 때 MC4518의 3, 4, 5, 6번 핀의 출력 상태를 다음 표에 "L" 또는 "H"로 기록하시오.

MC4518 핀 번호	출력 상태
3(QA)	
4(QB)	
5(QC)	
6(QD)	

2 재료 목록

부품명	규 격	수 량	부품명	규 격	수 량
IC	74LS00	1	저항	10 kΩ/4.7 kΩ	각 1
	MC4518	1		470 Ω	1
	74LS42	1	반고정 저항	1 kΩ	1
IC 소켓	14핀	1		10 kΩ	1
	16핀	2	LED	적색(동일색)	10
트랜지스터	CS9012/9013	각 1	전해 콘덴서	470 μF/16V	2
	2SC1815	1	다이오드	RD5A/CD0014	각 1
저항	100 Ω	10	CDS	CDS(중형)	1
	1 kΩ	3	릴레이	9V	1

3 회로도

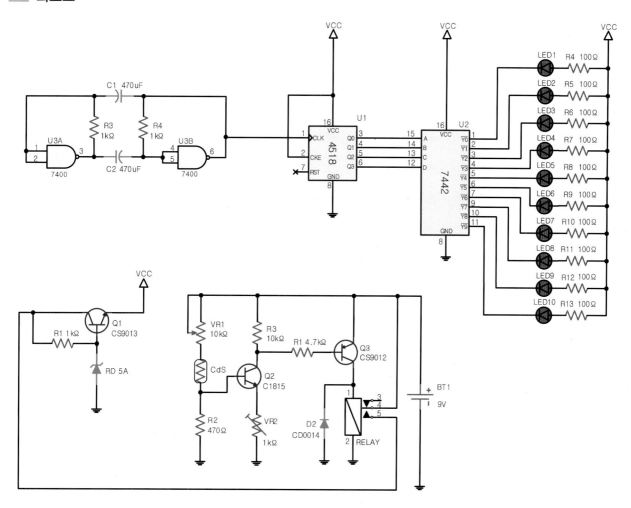

Logic IC Inside Arrangements

•자동 링 카운터

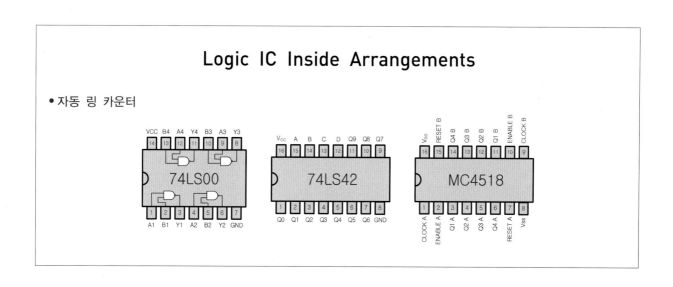

4 패턴도

부품면	이 부분을 보고 배치 작업을 하시오.

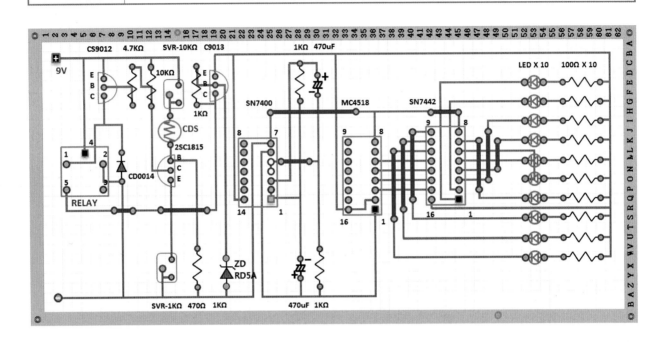

납땜면	이 부분을 보고 납땜 작업을 하시오.

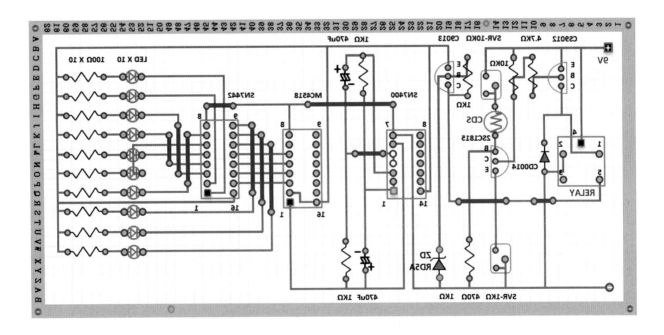

5 설명도

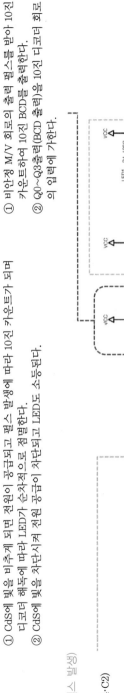
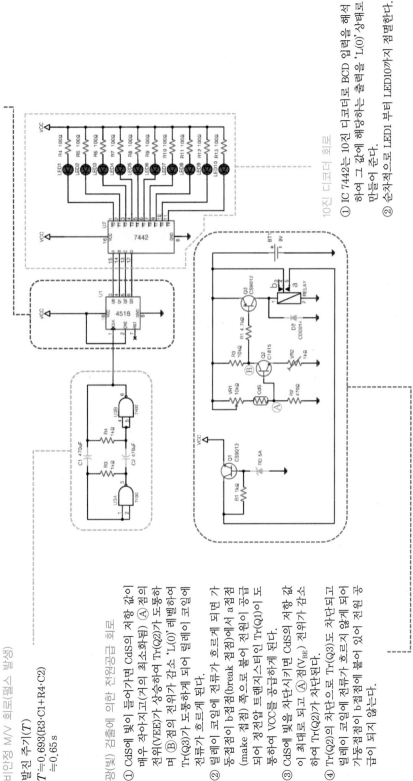

10진 카운트 회로

① 비안정 M/V 회로의 출력 펄스를 받아 10진 카운트하여 10진 BCD를 출력한다.

② Q0~Q3출력(BCD 출력)을 10진 디코더 회로의 입력에 가한다.

10진 디코더 회로

① IC 7442는 10진 디코더로 BCD 입력을 해석하여 그 값에 해당하는 출력을 'L(0)' 상태로 만들어 준다.

② 순차적으로 LED1 부터 LED10까지 점멸한다.

전체 동작

① CdS에 빛을 비추게 되면 전원이 공급되고 펄스 발생에 따라 10진 카운트가 되며 디코더 해독에 따라 LED가 순차적으로 점멸한다.

② CdS에 빛을 차단시켜 전원 공급이 차단되고 LED도 소등된다.

비안정 M/V 회로(펄스 발생)

발진 주기(T)

$T = 0.693(R3 \cdot C1 + R4 \cdot C2)$
$\approx 0.65 \, s$

광(빛) 검출에 의한 전원공급 회로

① CdS에 빛이 들어가면 CdS의 저항 값이 매우 작아지고(거의 최소화됨) Ⓐ점의 전위(VEE)가 상승하여 Tr(Q2)가 도통하며 Ⓑ점의 전위가 감소 'L(0)' 레벨하여 Tr(Q3)가 도통하게 되어 릴레이 코일에 전류가 흐르게 된다.

② 릴레이 코일에 전류가 흐르게 되면 가동접점이 b접점(break 접점)에서 a접점(make 접점) 쪽으로 붙어 전원이 공급되어 정전압 트랜지스터인 Tr(Q1)이 도통하여 VCC를 공급하게 된다.

③ CdS에 빛을 차단시키면 CdS의 저항 값이 최대로 되고 Ⓐ점(V_{BE}) 전위가 감소하여 Tr(Q2)가 차단된다.

④ Tr(Q2)가 차단으로 Tr(Q3)도 차단되고 릴레이 코일에 전류가 흐르지 않게 되어 가동접점이 b접점에 붙어 있어 전원 공급이 되지 않는다.

작품명	Presetable Counter	자격종목 및 등급	전자기기 기능사

※ 시험시간 : 4시간 30분

○ 제1과제(회로 스케치) : 1시간(실습 시 지도 교사의 지시에 의해 실시)

○ 제2과제(조립) : 3시간 20분

○ 제3과제(측정) : 10분(준비 및 조정 시간 포함)(지도 교사의 지시에 의해 실시)

1 요구 사항

① 지급된 재료를 사용하여 제한시간 내에 도면과 같이 조립하시오.

② 조립이 완성되면 다음과 같이 동작이 되도록 하시오.

㉮ SW1이 UP 쪽 – 상향계수, DOWN 쪽 – 하향계수

㉯ DIP 스위치로 임의의 수를 정하여 놓고 SW2를 눌러 리셋시키면 SW2를 놓는 순간부터 임의의 수에서 UP 또는 DOWN 카운트를 한다.

㉰ 반고정 저항(VR1) 1 MΩ을 조정하여 0.5~1[Sec]로 계수되도록 한다.

③ 동작이 되지 않을 경우 틀린 회로를 수정하여 정상 동작이 되도록 하시오.

④ 별지로 지급된 회로 스케치 작업을 완성하여 1시간 내에 답안지를 시험위원에게 제출하고 실기 작업에 임하시오.

2 재료 목록

부품명	규격	수량	부품명	규격	수량
IC	NE555	1	스위치	U/D SW	1
	74LS00	1	반고정 저항	1 MΩ	1
	74LS192	1	저항	200 Ω	1
	74LS47	1		680 Ω	4
IC 소켓	8핀	1		1 kΩ	1
	14핀 (FND 고정용 포함)	2		2 kΩ	2
FND	507(+공통형)	1		10 kΩ	1
다이오드	1N4001	2		100 kΩ	1
DIP SW	4핀(BCD형)	1	전해 콘덴서	1 μF/10 V	1
스위치	PB-SW(1P2T)	1	마일러 콘덴서	0.047 μF(473)	2

3 회로도

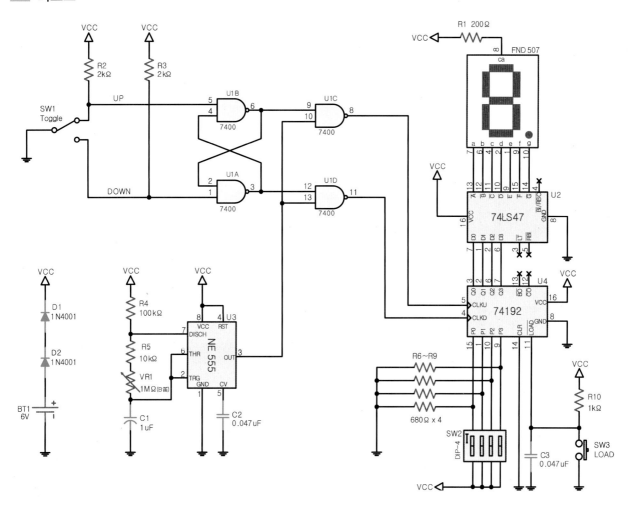

Logic IC Inside Arrangements

• 프리셋 카운터

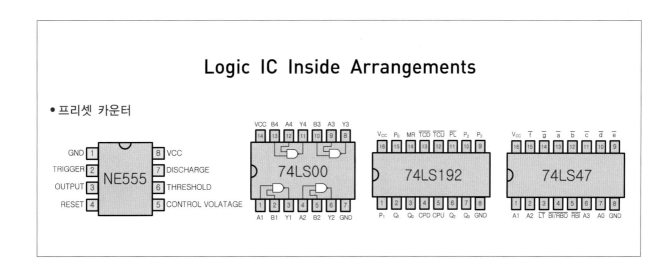

4 패턴도

부품면	이 부분을 보고 배치 작업을 하시오.

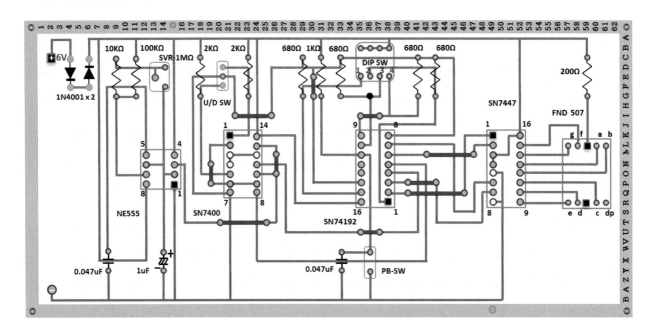

납땜면	이 부분을 보고 납땜 작업을 하시오.

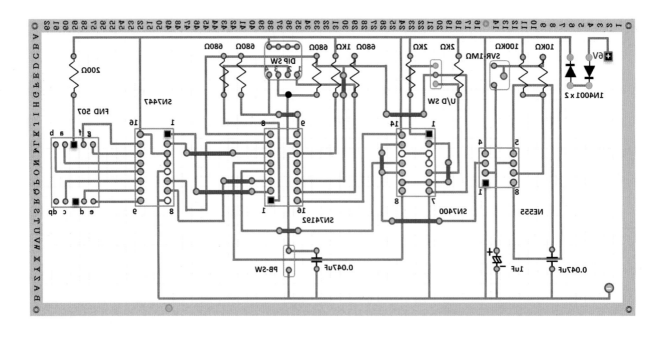

5 설명도

7-segment 디코더/드라이버 및 FND

① IC 7447은 IC 74192의 출력을 FND에 표시할 수 있도록 하는 IC이다.

② 7-segment 디코더에는 IC 7447과 7448이 있으며, IC 7447일 경우 FND는 양극(Anode) 공통형인 507이 연결되어야 하고, IC 7448일 경우에는 음극(Cathode) 공통형인 500이 연결된다.

Up-Down 카운트 및 데이터 설정회로

① DIP-SW는 OFF시 'L(0)', ON시 'H(1)'이 되어 IC 74192의 P0~P3 입력에 가해지며 DIP-SW의 조작으로 데이터를 원하는 숫자로 프리셋시킨다.

② SW2를 ON시키면 프리셋된 숫자가 FND에 표시되고, SW2를 OFF시키면 프리셋된 수에서부터 Up 또는 Down 카운트가 되어 FND에 표시된다.

Up-Down 카운트 전환 회로 : RS-F/F(래치)회로와 NAND 게이트 조합으로 구성

1. SW1이 Up쪽일 경우

① Q_1=1, $\overline{Q}_1$=0 상태에 G_1은 NOT 게이트로 동작하여 NE555의 출력을 반전시켜 IC 74192의 Up 카운트 입력에 펄스를 공급하게 되어 Up 카운트가 되게 한다.

② 이때 G_2는 한쪽 입력이 'L(0)' 상태로 항상 'H(1)'을 출력하여 Down 카운트 입력에 공급한다.

2. SW1이 Down쪽일 경우

① Q_1=0, $\overline{Q}_1$=1 상태에 G_1의 한쪽이 'L(0)' 상태로 계속 'H(1)' 상태만 출력되어 Up 카운트 입력에 'H(1)'가 가해진다.

② G_2는 한쪽 입력이 'H(1)'상태가 되어 NE555의 출력을 반전시켜 Down 카운트 입력에 펄스를 공급하여 Down 카운트가 되게 한다.

펄스 발생 비안정 M/V 회로

① 발진 주기

$T_{max} \approx 0.693[R4+(2 \cdot R5+VR1)C1] \approx 1.47\,s, \ f=\dfrac{1}{T}=0.68\,Hz$

$T_{min} \approx 0.693(R4+2 \cdot R5)C1 \approx 0.083\,s, \ f=\dfrac{1}{T}=12\,Hz$

② VR1을 300~700 kΩ 사이로 조정하면 $T \approx 0.5$~1s 정도가 된다.

전원 회로

① 실리콘 다이오드(1N4001)의 순방향 바이어스 전압

V_D=0.6~0.7 V

② VCC=6−2V_D≈4.7 V

작품명	10진 계수기	자격종목 및 등급	전자기기 기능사

※ 시험시간 : 4시간 30분

　○ 제1과제(회로 스케치) : 1시간(실습 시 지도 교사의 지시에 의해 실시)

　○ 제2과제(조립) : 3시간 20분

　○ 제3과제(측정) : 10분(준비 및 조정 시간 포함)(지도 교사의 지시에 의해 실시)

1 요구 사항

① 지급된 재료를 사용하여 제한시간 내에 도면과 같이 조립하시오.

② 조립이 완성되면 다음 표(BCD 코드)와 같이 동작이 되도록 하시오.

LED 표시								클록 펄스 입력계수
LED8	LED7	LED6	LED5	LED4	LED3	LED2	LED1	
L	L	L	L	L	L	L	L	0(SC)
L	L	L	L	L	L	L	H	1
L	L	L	L	L	L	H	L	2
L	L	L	L	L	L	H	H	3
L	L	L	L	L	H	L	L	4
L	L	L	L	L	H	L	H	5
L	L	L	L	L	H	H	L	6
L	L	L	L	L	H	H	H	7
L	L	L	L	H	L	L	L	8
L	L	L	L	H	L	L	H	9
L	L	L	H	L	L	L	L	10
`		`			`		`	`
		`			`			
		`			`			
H	L	L	H	H	L	L	H	99
L	L	L	L	L	L	H	L	100

③ 별지로 지급된 회로 스케치 작업을 완성하여 1시간 내에 답안지를 시험위원에게 제출하고 실기 작업에 임하시오.

2 재료 목록

부품명	규 격	수 량	부품명	규 격	수 량
IC	74LS393	1	다이오드	1N4001	2
	74LS05	2	저항	330 Ω	9
	74LS00	2		4.7 kΩ	3
IC 소켓	14핀	5	스위치	U/D SW	1
LED	녹색	9		PB-SW(1P2T)	1

3 회로도

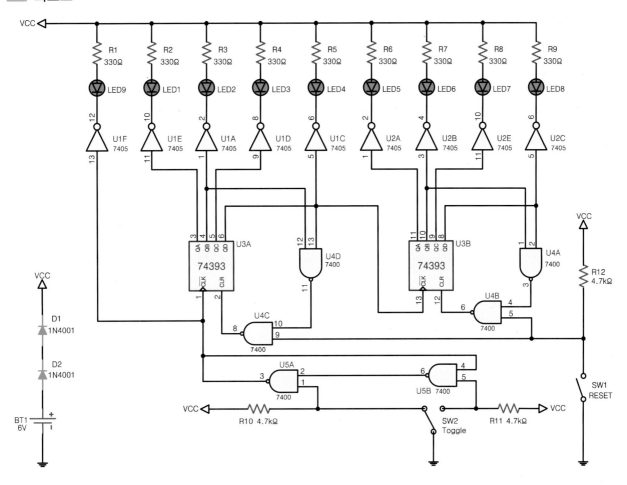

Logic IC Inside Arrangements

•10진 계수기

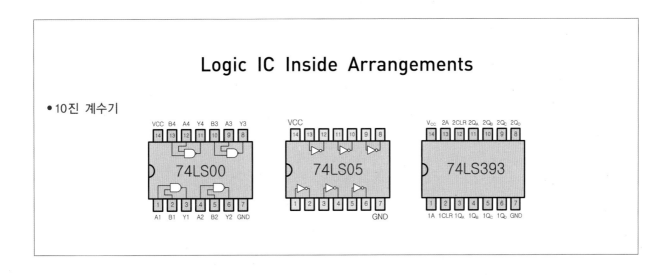

4 패턴도

부품면	이 부분을 보고 배치 작업을 하시오.

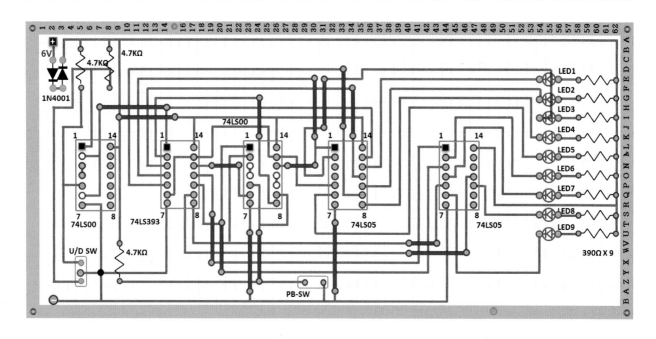

납땜면	이 부분을 보고 납땜 작업을 하시오.

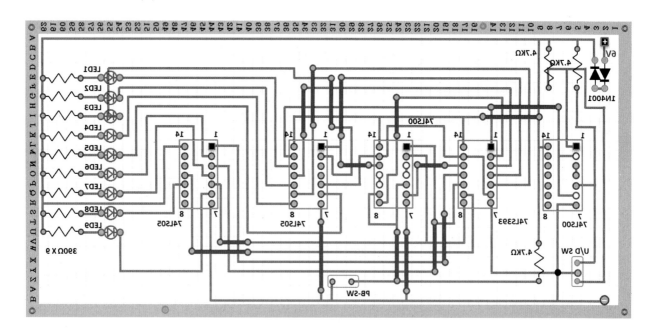

5 설명도

클록 펄스 수에 따른 계수 동작표

클록 펄스 수	LED 표시 (0=OFF, 1=ON)							
	십(10) 자리				일(1) 자리			
	D8	D7	D6	D5	D4	D3	D2	D1
0	0	0	0	0	0	0	0	0
1	0	0	0	0	0	0	0	1
2	0	0	0	0	0	0	1	0
3	0	0	0	0	0	0	1	1
4	0	0	0	0	0	1	0	0
5	0	0	0	0	0	1	0	1
6	0	0	0	0	0	1	1	0
7	0	0	0	0	0	1	1	1
8	0	0	0	0	1	0	0	0
9	0	0	0	0	1	0	0	1
10	0	0	0	1	0	0	0	0
11	0	0	0	1	0	0	0	1
:	:	:	:	:	:	:	:	:
98	1	0	0	1	1	0	0	0
99	1	0	0	1	1	0	0	1
100	0	0	0	0	0	0	0	0

10진 카운터 B

① 카운터 A 회로와 종속 접속되어 십(10)의 자리 카운터로 앞 단의 QD 출력에 의해 펄스가 공급된다.

② 앞 단과 마찬가지로 QB와 QD 출력이 'H(1)' 상태(즉, 1010(10))에서 G_4와 G_3를 통해 12번 핀이 'H(1)'가 되어 클리어 되된다.

10진 카운터 A

① 일(1)의 자리 카운터로 RS-F/F에서 발생된 펄스를 10진 카운트하게 된다.

② QB와 QD 출력이 'H(1)'이 되면 G_2와 G_1을 통해 2번 핀이 'H(1)'가 되어 클리어 시키고 처음부터 다시 카운트 된다.

③ 10번째 펄스에서 클리어되면 QD는 'H(1)' 상태에서 'L(0)' 상태가 되어 클리어로 B 회로의 입력에 첫 번째 펄스가 가해진다.

전원 회로

① 실리콘 다이오드(1N4001)의 순방향 바이어스 전압 V_D=0.6~0.7V

② VCC=6−$2V_D$≒4.7V

펄스 발생 회로 RS-FF

① RS-F/F(래치) 회로를 이용 SW를 계속 ON, OFF 방향으로 전환시키면 Ⓐ 점에 펄스가 발생된다.

② 발생된 펄스는 10진 카운터 A의 입력에 공급되며 LBD를 점멸하게 하여 펄스 발생 상태를 알게 한다.

리셋 SW

SW1을 ON시키면 IC 7493의 2번과 12번 핀(클리어 단자)에 'H(1)'가 가해져 카운트된 내용을 클리어 시 키게 되어 LED가 모두 소등된다.

작품명	가변 순차기	자격종목 및 등급	전자기기 기능사

※ 시험시간 : 4시간 30분

○ 제1과제(회로 스케치) : 1시간(실습 시 지도 교사의 지시에 의해 실시)

○ 제2과제(조립) : 3시간 20분

○ 제3과제(측정) : 10분(준비 및 조정 시간 포함)(지도 교사의 지시에 의해 실시)

1 요구 사항

① 지급된 재료를 사용하여 제한시간 내에 도면과 같이 조립하시오.

② 조립이 완성되면 다음과 같이 동작이 되도록 하시오.

• 전원을 ON한 후 PB 스위치를 누르면 삐~ 소리와 함께 LED11이 ON되고, LED11이 ON될 때마다 LED1~LED10이 순차로 가변 점등을 반복한다.

③ 위 동작이 되지 않을 경우 틀린 회로를 수정하여 정상 동작이 되도록 하시오.

④ 별지로 지급된 회로 스케치 작업을 완성하여 1시간 내에 답안지를 시험위원에게 제출하고 실기 작업에 임하시오.

2 재료 목록

부품명	규 격	수 량	부품명	규 격	수 량
IC	NE555	1	저항	1 kΩ/22 kΩ	각 1
	MC14069	1		47 kΩ/2.2 MΩ	각 1
	MC14017	1		100 kΩ	2
IC 소켓	8핀/14핀/16핀	각 1	반고정 저항	100 kΩ	1
트랜지스터	2SC1815	2		1 MΩ	1
스위치	PB-SW(1P2T)	1	전해 콘덴서	1 μF/33 μF/16 V	각 1
다이오드	1N914	1		100 μF/16 V	2
LED	적색	11	마일러 콘덴서	0.02 μF(203)	1
저항	100 Ω	11		0.01 μF(103)	3
	10 kΩ	3			

3 회로도

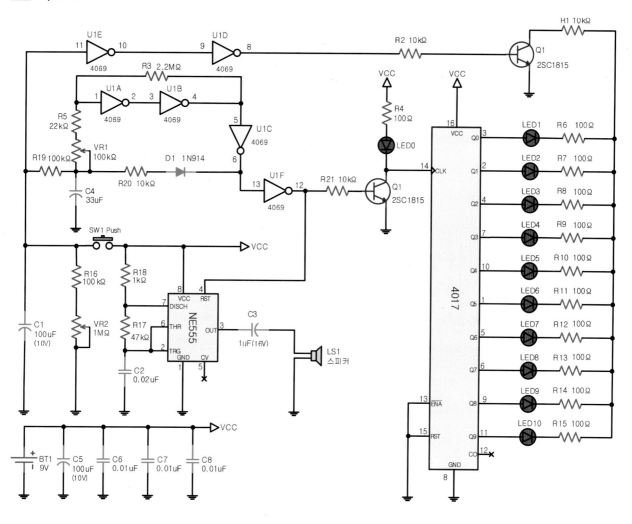

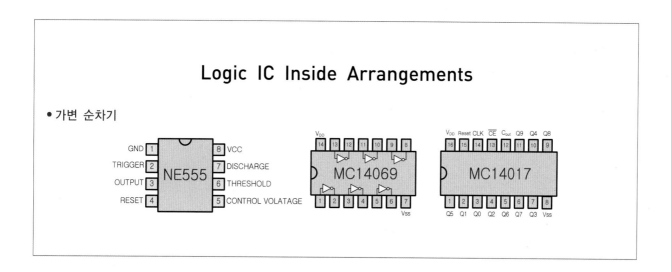

Logic IC Inside Arrangements

● 가변 순차기

4 패턴도

부품면	이 부분을 보고 배치 작업을 하시오.

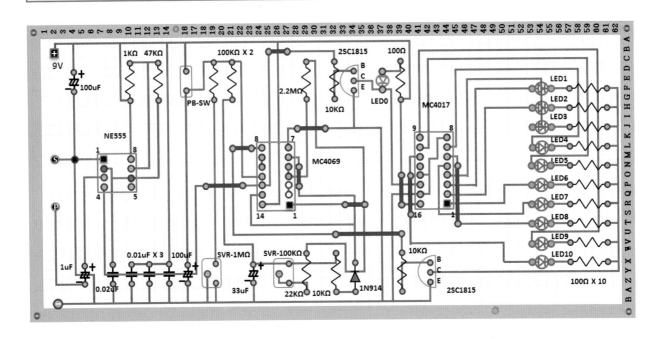

납땜면	이 부분을 보고 납땜 작업을 하시오.

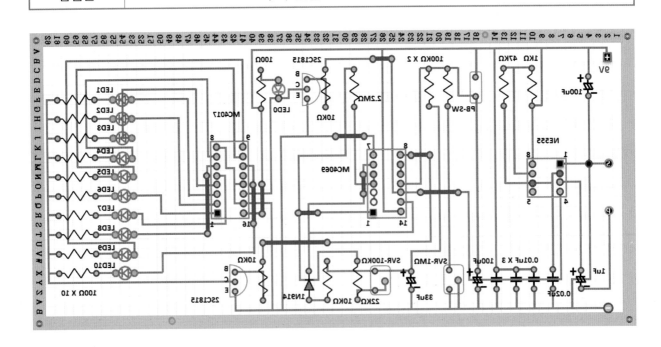

5 설명도

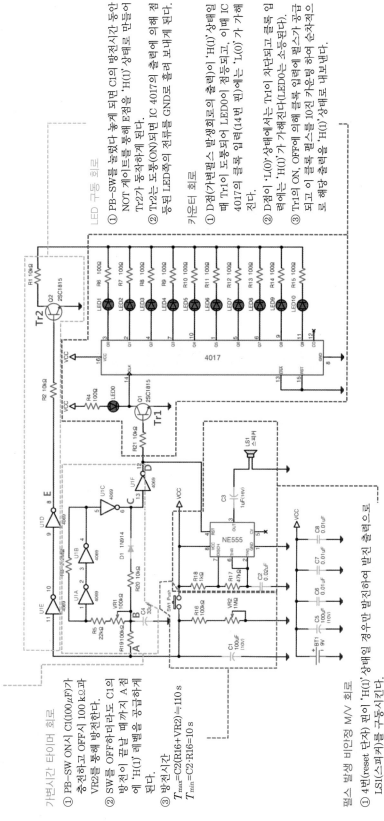

가변 펄스 발생(파형 정형) 회로

① IC 14069의 NOT 게이트를 이용한 펄스 발생(파형 정형) 회로로 C4의 충·방전 파형을 정형하여 펄스를 발생시킨다.

② C4는 C1의 방전시간 동안 R19를 통해 충전하며 IC 14049(inverter)의 트리거 레벨 이상이 될 때 순간 방전하고 다시 충전하여 펄스를 발생시키게 한다.

③ B점의 C4에 의한 충·방전 파형을 정형(구형파로 만듦)하여 C점에 나타나고 NOT 게이트를 통해 반전되어 D점에 펄스가 출력된다.

가변시간 타이머 회로

① PB-SW ON시 C1(100μF)가 충전하고 OFF시 100 kΩ과 VR2를 통해 방전한다.

② SW를 OFF하더라도 C1의 방전이 끝날 때까지 A점에 'H(1)' 레벨을 공급하게 된다.

③ 방전시간

$T_{max}=C2(R16+VR2) \fallingdotseq 110$ s
$T_{min}=C2 \cdot R16 \fallingdotseq 10$ s

펄스 발생 비안정 M/V 회로

① 4번(reset 단자) 핀이 'H(1)' 상태일 경우만 발진하여 발진 출력으로 LS1(스피커)를 구동시킨다.

② 발진 주기(T) $\fallingdotseq 0.693(R18+2 \cdot R17)C2 \fallingdotseq 1.45$ ms

발진 주파수(f)= $\frac{1}{T} \fallingdotseq 690$ Hz

전체 동작

① PB-SW를 눌렀다 놓으면 C1의 방전시간 동안 가변펄스 발생회로가 동작하여 D점에 펄스가 발생하고 D점이 'H(1)' 상태일 때 Tr1이 동작하며 LED11이 점등되고 스피커에서 발진음이 나게 된다.

② Tr1이 ON, OFF에 의해 10진 카운트되어 C1의 방전시간 동안 LED1~LED10이 순차적으로 점멸하게 된다.

LED 구동 회로

① PB-SW를 눌렀다 놓게 되면 C1의 방전시간 동안 E점을 'H(1)' 상태로 만들어 NOT 게이트를 통해 D점을 'H(1)' 상태로 동작하게 Tr2가 동작하게 된다.

② Tr2는 도통(ON)되면 IC 4017의 출력에 의해 점등된 LED쪽의 전류를 GND로 흘려 보내게 된다.

가운터 회로

① D점(가변펄스 발생회로의 출력)이 'H(1)' 상태일 때 Tr1이 도통되어 LED0이 점등되고, 이때 IC 4017의 클록 입력(14번 핀)에는 'L(0)'가 가해진다.

② D점이 'L(0)' 상태에서는 Tr1이 차단되고 클록 입력에는 'H(1)'가 가해진다(LED0는 소등된다).

③ Tr1이 ON, OFF에 의해 클록 입력에 펄스가 공급되고 이 클록 펄스를 10진 카운팅하여 순차적으로 해당 출력을 'H(1)' 상태로 내보낸다.

작품명	순차 점멸기	자격종목 및 등급	전자기기 기능사

※ 시험시간 : 4시간 30분

○ 제1과제(회로 스케치) : 1시간(실습 시 지도 교사의 지시에 의해 실시)

○ 제2과제(조립) : 3시간 20분

○ 제3과제(측정) : 10분(준비 및 조정 시간 포함)(지도 교사의 지시에 의해 실시)

1 요구 사항

① 지급된 재료를 사용하여 제한시간 내에 도면과 같이 조립하시오.

② 조립이 완성되면 다음과 같이 동작이 되도록 하시오.

　• LED1~8이 순차적으로 점멸되도록 하시오.

③ 위 동작이 되지 않을 경우 틀린 회로를 수정하여 정상 동작이 되도록 하시오.

④ 별지로 지급된 회로 스케치 작업을 완성하여 1시간 내에 답안지를 시험위원에게 제출하고 실기 작업에 임하시오.

2 재료 목록

부품명	규 격	수 량	부품명	규 격	수 량
IC	74LS123	1	마일러 콘덴서	100 pF	1
	74LS00	1	저항	100 kΩ	1
	74LS73	1		4.7 kΩ	1
	MC14017	1		5 kΩ	1
정전압 IC	LM7805	1		1 kΩ	1
IC 소켓	14핀/16핀	각 2		100 Ω	4
트랜지스터	2SA509	1		33 Ω	1
마일러 콘덴서	0.33 μA(334)	1	전해 콘덴서	47 μA/16 V	2
	0.1 μA(104)	1	LED	적색	8

3 회로도

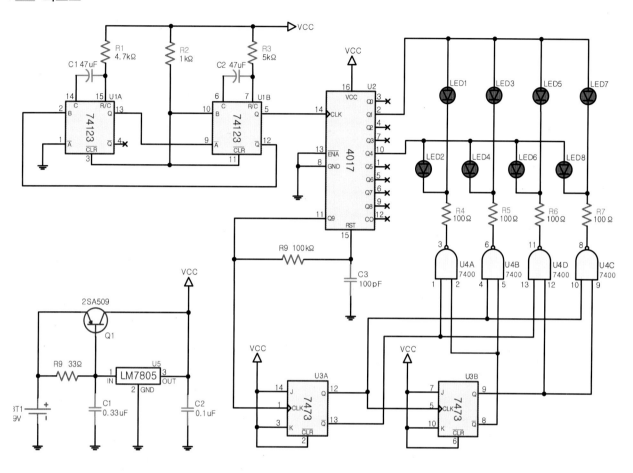

Logic IC Inside Arrangements

• 순차 점멸기

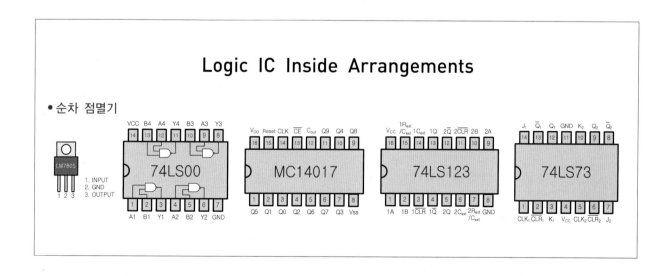

4 패턴도

부품면	이 부분을 보고 배치 작업을 하시오.

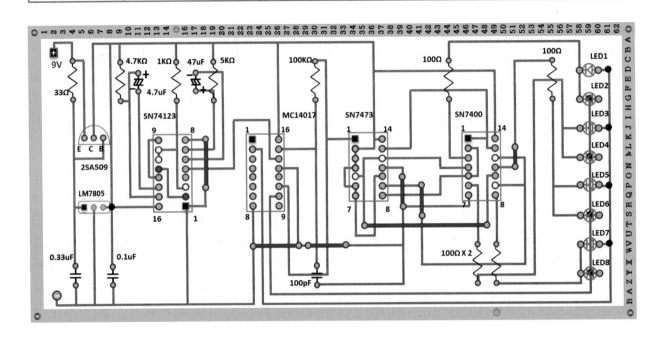

납땜면	이 부분을 보고 납땜 작업을 하시오.

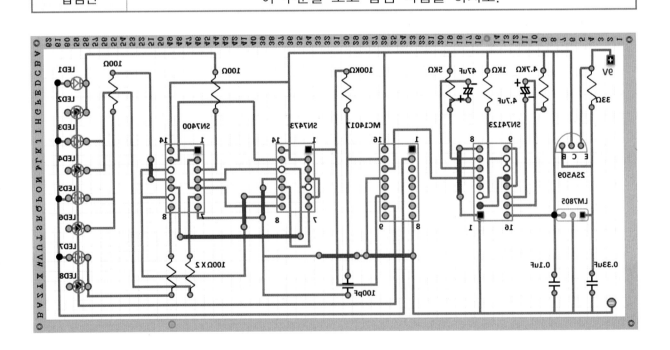

5 설명도

펄스 발생−제트리거 비안정 M/V 회로

① IC 74123은 dual 제트리거 가능 단정 M/V로 2개의 단안정 M/V의 출력을 상호 트리거 입력에 접속하여 계속적으로 펄스를 발생시키는 비안정 M/V이다.

② 발진 주기

$T=0.45 \cdot R1 \cdot C1=112.5 \ ms \fallingdotseq 0.11 \ s$

10진 카운터 회로

① IC 4017은 비안정 M/V에서 발생된 펄스를 클록 입력으로 받아 10진 카운터 출력을 낸다.

② Q1(2번 pin)이 'H(1)' 레벨일 때 LED1, LED3, LED5, LED7에 'H(1)' 레벨을 공급한다.

③ Q4(10번 pin)가 'H(1)' 레벨일 시 LED2, LED4, LED6, LED8에 'H(1)' 레벨을 공급한다.

④ Q9(11번 pin)의 출력은 IC 7473의 분주 회로 입력에 인가된다.

디코더 회로 및 LED 표시

① 디코더 회로는 IC 7400의 NAND 게이트 4개로 구성되어 T1, T2의 출력을 NAND 게이트의 입력으로 받아 출력을 낸다.

② 출력 논리식

$L_1=\overline{Q_1} \cdot \overline{Q_2}=\overline{Q_1}+Q_2$
$L_2=\overline{Q_1} \cdot Q_2=\overline{Q_1}+\overline{Q_2}$
$L_3=Q_1 \cdot \overline{Q_2}=\overline{Q_1}+Q_2$
$L_4=Q_1 \cdot Q_2=\overline{Q_1}+\overline{Q_2}$

③ LED는 14017의 Q1, Q4 출력이 'H(1)' 상태이고 7400의 L1~L4의 출력을 'L(0)' 상태가 되어야 점등된다.

④ IC 4017의 Q1과 Q4는 10진 카운터의 주기마다 순차로 'H(1)'을 출력하며, L1~L4 출력도 L1, L2, L3, L4의 순차로 'L(0)' 출력을 발생하므로 LED는 LED1→LED8까지 순차적으로 점멸한다.

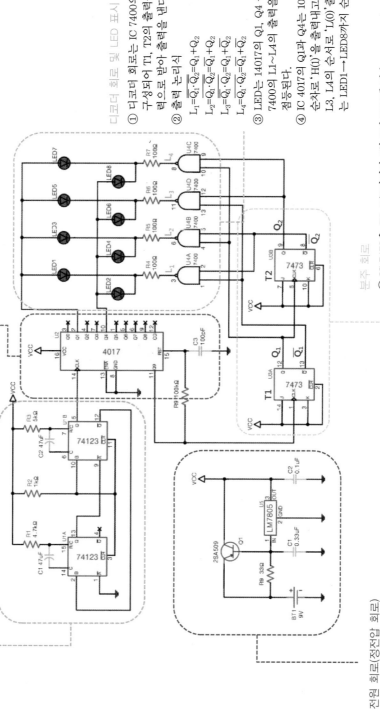

분주 회로

① IC 7473은 JK−F/F이지만 J와 K가 VCC에 접속('H(1)' 상태)되어 T−F/F으로 동작한다.

② T1은 IC 4017의 Q9 출력을 입력으로 받아 2분주하여 출력을 만든다.

③ T2는 T1의 Q출력을 입력으로 받아 2분주하여 출력을 낸다(Q9에 대한 4분주).

전원 회로(정전압 회로)

① Tr 2SA509는 9V를 5.4V로 만든다. 저항 R9는 6V를 공급하기 위한 전압 강하용 저항이다.

② IC 7805는 3단자 레귤레이터 (+)전압용 IC이다.

③ 전원 +6V가 정전압 IC(7805)의 입력단자(1pin)에 공급되어 출력단자(3pin)에서 +5V의 VCC 전압을 얻는다.

작품명	10진수 설정 경보기	자격종목 및 등급	전자기기 기능사

※ 시험시간 : 4시간 30분

○ 제1과제(회로 스케치) : 1시간(실습 시 지도 교사의 지시에 의해 실시)

○ 제2과제(조립) : 3시간 20분

○ 제3과제(측정) : 10분(준비 및 조정 시간 포함)(지도 교사의 지시에 의해 실시)

1 요구 사항

○ 1과제 : 별지로 지급된 패턴도를 보고 답안지에 회로 스케치를 완성하시오.

○ 2과제

① 지급된 재료를 사용하여 주어진 도면과 같이 조립하시오.

② 조립이 완성되면 전원을 인가하여 DIP SW의 값을 0~9 사이의 임의의 값으로 설정하시오.

③ 설정된 DIP SW의 값과 세그먼트의 지시값이 같을 때 카운터가 정지되고, 스피커에서 출력 음이 나오도록 하시오.

④ SW1을 눌렀을 경우 FND의 지시값이 0이 되도록 하시오.

⑤ 위 동작이 되지 않을 경우 틀린 회로를 수정하여 정상 동작이 되도록 하시오.

2 재료 목록

부품명	규격	수량	부품명	규격	수량
IC	NE555	1	전해 콘덴서	1 μF/16 V	1
	74LS85	1	다이오드	1N4001	2
	MC4516	1	트랜지스터	2SC1815	2
	MC4511	1	스위치	PB-SW(1P2T)	1
	MC14011	1	저항	22 Ω/220 Ω/4.7 kΩ	각 1
IC 소켓	8핀	2		47 kΩ/68 kΩ/100 kΩ	각 1
	14핀 (FND 고정용 포함)	2		1 kΩ/470 kΩ	각 2
	16핀	2		680 Ω	4
마일러 콘덴서	0.001 μF/0.1 μF	각 1	FND	500(-공통형)	1
	0.01 μF(103)	2	DIP SW	4핀(BCD형)	1

3 회로도

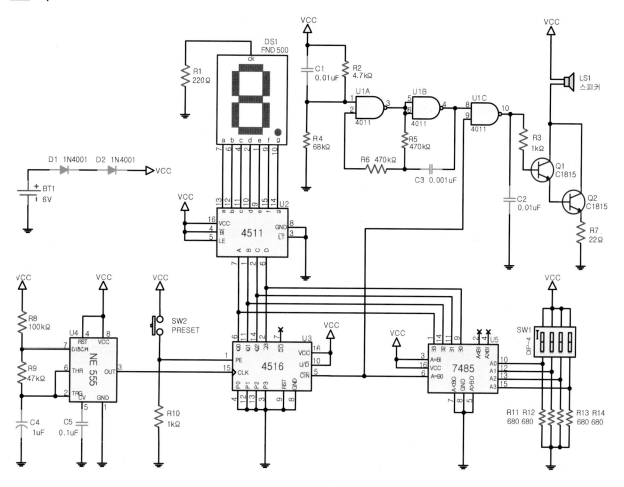

Logic IC Inside Arrangements

• 10진수 설정 경보기

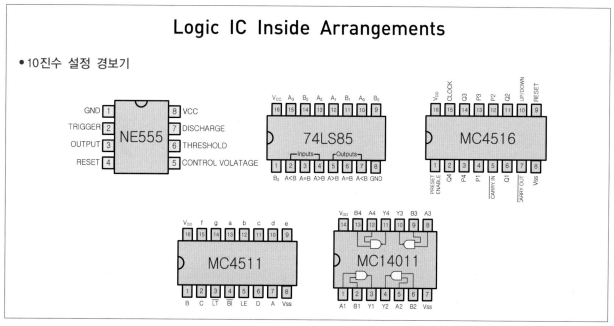

4 패턴도

부품면	이 부분을 보고 배치 작업을 하시오.

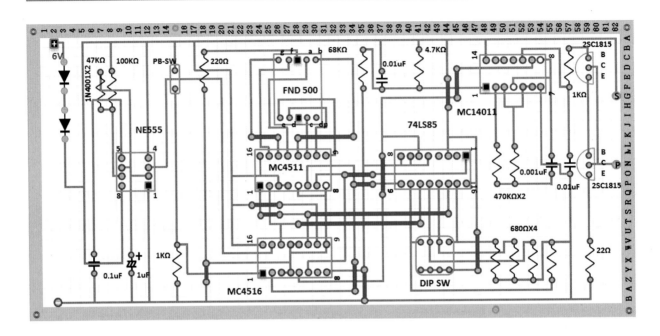

납땜면	이 부분을 보고 납땜 작업을 하시오.

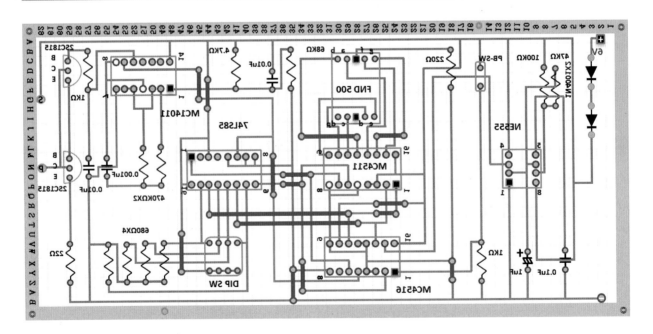

5 설명도

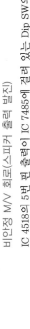
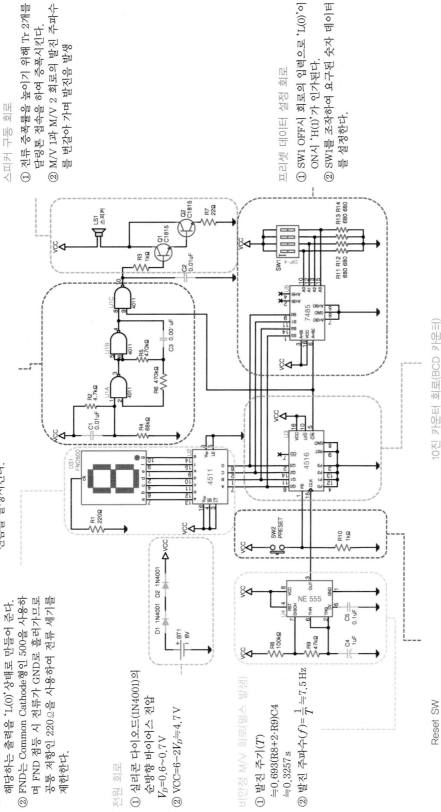

스피커 구동 회로
① 전류 증폭률을 높이기 위해 Tr 2개를 달링톤 접속을 하여 증폭시킨다.
② M/V 1과 M/V 2 회로의 발진 주파수를 변경하여 가며 발진음 발생

프리셋 데이터 설정 회로
① SW1 OFF시 회로의 입력으로 'L(0)'이 ON시 'H(1)'가 인가된다.
② SW1을 조작하여 요구되는 숫자 데이터를 설정한다.

비안정 M/V 회로(스피커 출력 발진)
IC 4518의 5번 핀 출력이 IC 7485에 걸려 있는 Dip SW의 설정 값과 일치하면 'H(1)' 상태의 입력을 받으면 비안정 M/V의 출력 게이트 U1C가 활성화되어 발진음을 발생시킨다.

10진 카운터 회로(BCD 카운터)
① IC 4516은 BCD카운터로써, CLK 입력의 펄스 상승부 또는 CKE의 하강부에서 카운트가 동작된다.
② 10진 카운터로 동작하며 (0~9까지) 카운트가 된다.

디코더 및 FND 표시 회로
① IC 4511은 카운터 A의 출력을 받아 해독하여 해당하는 출력을 'L(0)' 상태로 만들어 준다.
② FND는 Common Cathode형인 500을 사용하며 FND 점등 시 전류가 GND로 흐르기므로 공통 저항인 220Ω을 사용하여 전류 세기를 제한한다.

전원 회로
① 실리콘 다이오드(1N4001)의 순방향 바이어스 전압
$V_D = 0.6 \sim 0.7\,V$
② $VCC = 6 - 2V_D \fallingdotseq 4.7\,V$

비안정 M/V 회로(펄스 발생)
① 발진 주기(T)
$\fallingdotseq 0.693(R8 + 2 \cdot R9)C4$
$\fallingdotseq 0.3257\,s$
② 발진 주파수(f) $= \dfrac{1}{T} \fallingdotseq 7.5\,Hz$

Reset SW
① PB-SW는 리셋 SW로 누르게 되면 가운터를 0으로 리셋시켜 처음부터 가운트하게 한다.
② R10은 SW 동작과 관련된 채터링 현상 방지용 저항이다.

작품명	빛 차단에 의한 5진 계수 정지 회로	자격종목 및 등급	전자기기 기능사

※ **시험시간 : 4시간 30분**

    ○ 제1과제(회로 스케치) : 1시간(실습 시 지도 교사의 지시에 의해 실시)

    ○ 제2과제(조립) : 3시간 20분

    ○ 제3과제(측정) : 10분(준비 및 조정 시간 포함)(지도 교사의 지시에 의해 실시)

1 요구 사항

    ○ 1과제 : 별지로 지급된 패턴도를 보고 답안지에 회로 스케치를 완성하시오.

    ○ 2과제

      ① 지급된 재료를 사용하여 제한된 시간에 도면과 같이 조립하시오.

        ㉮ 포토트랜지스터에 빛을 조사할 경우 FND는 5진 업 카운터로 계수를 한다.

        ㉯ 그에 따른 LED1~LED3는 BCD 코드로 5진 동작을 한다.

계수	LED3의 동작 상태	LED2의 동작 상태	LED1의 동작 상태
0	OFF	OFF	OFF
1	OFF	OFF	ON
2	OFF	ON	OFF
3	OFF	ON	ON
4	ON	OFF	OFF

      ③ 빛이 차단될 경우 5진 카운터와 LED는 모두 계수가 정지되도록 하시오.

      ④ 위 동작이 되지 않을 경우 회로를 수정하여 정상 동작이 되도록 하시오.

2 재료 목록

부품명	규 격	수 량	부품명	규 격	수 량
IC	NE555/74LS08	1	저항	2 Ω(1/2W)	1
	CD4511/MC4518	각 1		30 Ω/150 Ω	각 1
IC 소켓	8핀	1		47 Ω/4.7 kΩ	각 1
	14핀 (FND 고정용 포함)	1		1 kΩ	3
	16핀	2		27 kΩ	2
정전압 IC	LM7805	각 1		330 Ω	8
FND	500(-공통형)	1	마일러 콘덴서	0.1 μF(104)	2
포토트랜지스터	OS18	1		0.33 μF(334)	1
LED	적색, 5φ	3	전해 콘덴서	10 μF/16 V	1
트랜지스터	2SA509(A1015)	2			

3 회로도

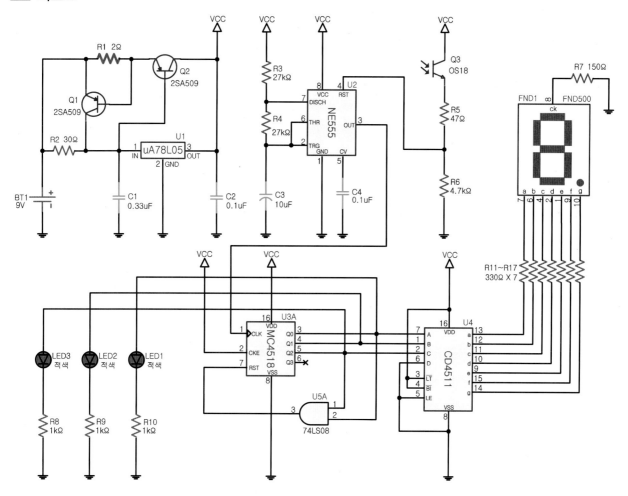

Logic IC Inside Arrangements

• 빛 차단에 의한 5진 계수 정지 회로

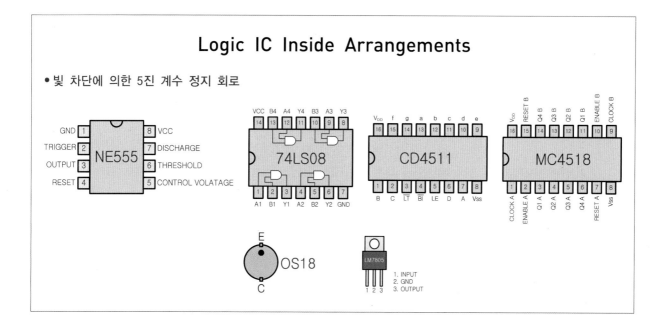

4 패턴도

부품면	이 부분을 보고 배치 작업을 하시오.

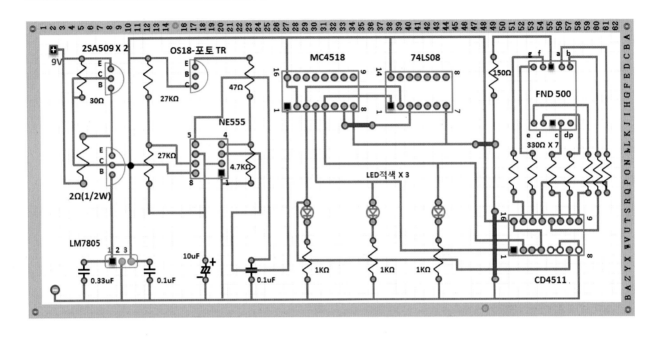

납땜면	이 부분을 보고 납땜 작업을 하시오.

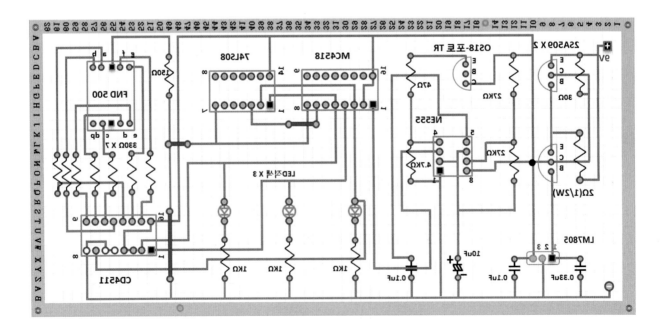

5 설명도

비안정 M/V 회로(펄스 발생 회로)

① SW ON시 4번 pin(reset)이 L 상태가 되어 발진이 정지되고, OFF시 'H'상태가 되어 발진이 이루어지는 비안정 M/V 회로이다.

② 발진 주기(T)≒0.693(R3+2·R4)C3≒0.56 s
발진 주파수(f) = $\dfrac{1}{T}$ ≒1.78 Hz

③ LED1~LED3는 발진이 출력 'H(1)'상태일 때 점등되고, 'L(0)' 상태일 때 소등된다.

전원 회로(정전압 회로)

① IC 7805를 이용하여 5 V의 정전압 출력을 만들어 VCC에 공급하는 회로

② C1(0.33μF) : 잡음 차단용
C2(0.1μF) : 부하특성 개선 발진 방지용

③ Tr1 : 과전류 보호용
Tr2 : 전류 증폭용

10진 카운터 회로

① IC 4518은 10진 카운터로 사용할 수 있다. Q3(6번 pin)을 사용하지 않으므로 Q0, Q1, Q2만을 사용하므로 0~7까지 3비트 8진수를 가산한다.

② IC 4518의 출력에 따라 LED1, LED2, LED3은 교대로 점멸 한다.

포토 트랜지스터 광 입력 회로

① 포토 Tr OS18에 빛이 가해지면 도통되어 이미터 전류가 흐르며 출력 U2의 RST 단자에 'H(1)'가 인가되어 펄스 발생 회로를 중단시킨다.

② 반대로 빛을 차단하면 포토 트랜지스터가 비활성 상태로 이미터 전류가 흐르지 않아 'L(0)'상태가 된다.

7-segment FND 회로

① IC 4511의 출력 0~7(8진수)를 표시 한다.

② FND는 Common Cathode형인 500을 사용하며 FND 점등 시 전류가 GND로 흘러가므로 공통 저항인 150Ω을 사용하여 전류 세기를 제한한다.

③ 330Ω 저항은 FND의 점등시 IC로 흐르는 전류를 제한하기 위한 저항 이다.

10진 계수기

① IC 4511은 가운데 A의 출력을 받아 해독하여 해당하는 출력을 'L(0)'상태로 만들어 준다.

② FND는 Common Cathode형인 500을 사용하여 0~7까지 가운트하게 된다.

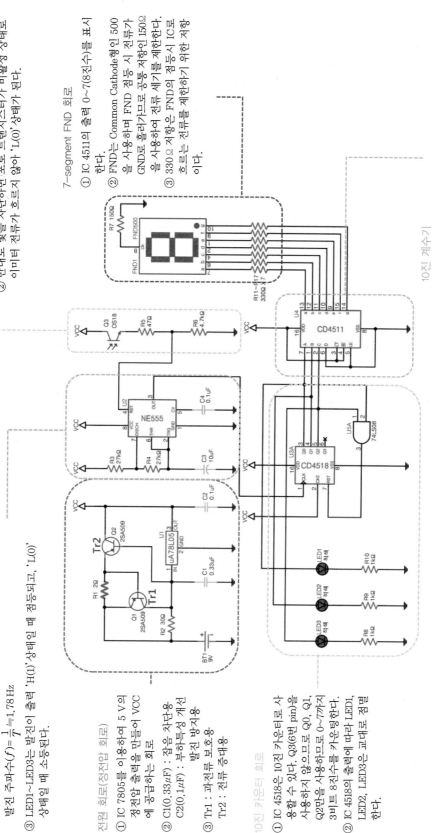

작품명	빛에 의한 업/다운 선택 회로	자격종목 및 등급	전자기기기능사

※ 시험시간 : 4시간 30분

○ 제1과제(회로 스케치) : 1시간(실습 시 지도 교사의 지시에 의해 실시)

○ 제2과제(조립) : 3시간 20분

○ 제3과제(측정) : 10분(준비 및 조정 시간 포함)(지도 교사의 지시에 의해 실시)

1 요구 사항

○ 1과제 : 별지로 지급된 패턴도를 보고 답안지에 회로 스케치를 완성하시오.

○ 2과제

① 지급된 재료를 사용하여 주어진 도면과 같이 조립하시오.

② 조립이 완성되면 다음과 같이 동작이 되도록 하시오.

㉮ 포토트랜지스터에 빛을 조사하면 적색 LED(LED1)는 점등되고 LED3(적색)는 점등과 소등을 반복하여, 계수 회로는 다운 카운트를 한다. 이때 LED2(녹색)는 소등 상태이다.

㉯ 포토트랜지스터에 빛을 차단하면 녹색 LED2는 점등되고, LED3(적색)는 점등과 소등을 반복하여 계수 회로는 업 카운트를 한다. 이때 LED1은 소등 상태이다.

③ 위 동작이 되지 않을 경우 틀린 회로를 수정하여 정상 동작이 되도록 하시오.

2 재료 목록

부품명	규 격	수 량	부품명	규 격	수 량
IC	NE555	1	어레이 저항	330 Ω, 7BIT(14핀)	1
	74LS00/47/192	각 1	스위치	PB-1T2P(소형)	1
IC 소켓	8핀	1	LED	적색	3
	14핀 (FND 고정용 포함) 16핀	각 2	반고정 저항	1 MΩ	1
			저항	47 Ω/680 Ω	각 1
FND	507(+공통형)	1		470 Ω	3
다이오드	1N4001	1		4.7 kΩ/10 kΩ/100 kΩ	각 1
			마일러 콘덴서	0.1 μF(104)	1
포토트랜지스터	OS18	1	전해 콘덴서	10 μF/16 V	1

3 회로도

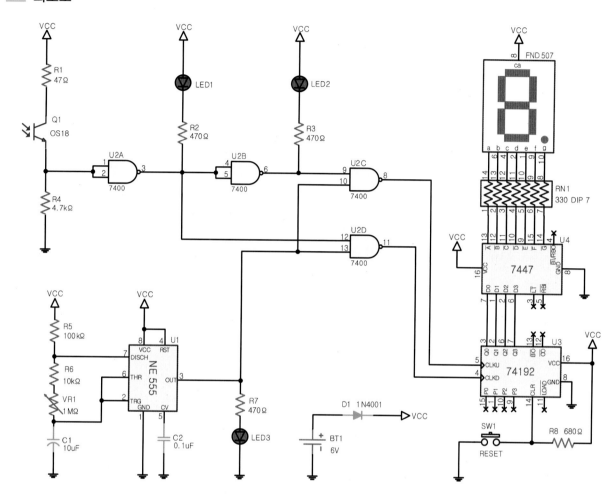

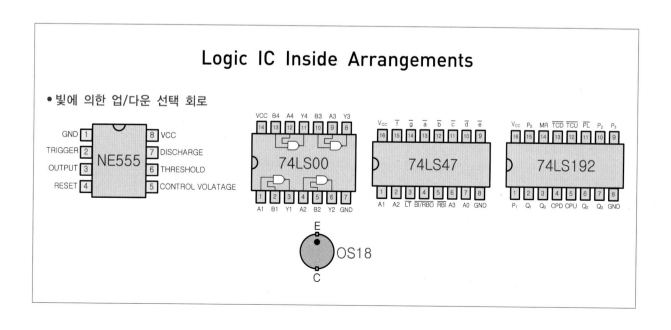

Logic IC Inside Arrangements

• 빛에 의한 업/다운 선택 회로

4 패턴도

부품면	이 부분을 보고 배치 작업을 하시오.

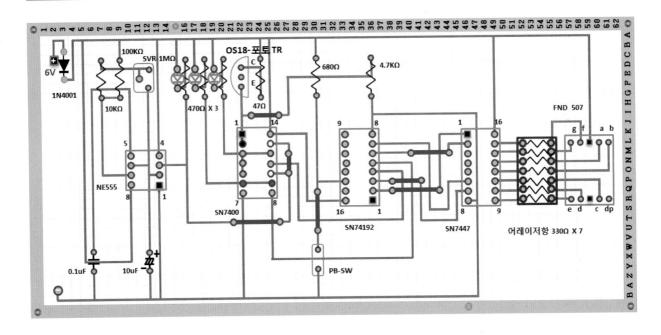

납땜면	이 부분을 보고 납땜 작업을 하시오.

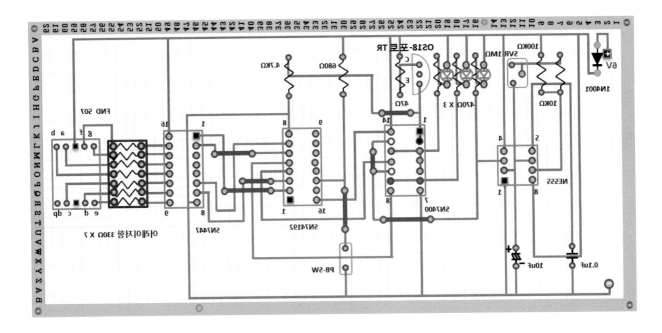

5 설명도

포토트랜지스터 활성화 회로

① 포토트랜지스터가 활성화 상태, 즉 빛이 조사될 때 IC 7400의 U2A의 게이트가 NOT 게이트 역할을 하여 LED1이 OFF 상태이다.

② 포토트랜지스터가 비활성화 상태, 즉 빛을 차단할 경우 IC 7400의 U2A의 게이트를 공통으로 하여 LED2가 OFF 상태로 되어, U2C의 출력이 발생하여 IC 74192의 CLKD 입력에 가해져 카운트를 증단하게 한다.

포토 트랜지스터 광 입력 회로

① 포토 Tr OS18에 빛이 가해지면 도통되어 이미터 전류가 발생하여 'H(1)' 상태로 IC 7400의 U2A의 입력인 NAND 게이트 입력을 공통으로 하여 NOT 게이트 역할을 한다.

② 반대로 빛을 차단하면 포토 Tr이 비활성 상태로 이미터 전류가 흐르지 않아 'L(0)' 상태가 된다.

펄스 발생 비안정 M/V 회로

① 발진 주기

$T_{max} \approx 0.693[R5+(2 \cdot R6+VR1)]C1 \approx 14.69\,s$

$T_{min} \approx 0.693(R5+2 \cdot R6)C1 \approx 0.77\,s$

② VR1을 조정하여 $T \approx 0.5 \sim 1\,s$가 되도록 할 것

③ VR1을 300~700 kΩ 사이로 조정하면 $T \approx 0.5 \sim 1\,s$ 정도가 된다.

7-segment 디코더/드라이버 및 FND

① IC 7447은 IC 74192의 출력을 FND에 표시할 수 있도록 하는 IC이다.

② 7-segment 디코더에는 IC 7447과 7448이 있으며, IC 7447일 경우 FND는 양극(Anode) 공통형인 507이 연결되어야 하고, IC 7448일 경우에는 음극(Cathode) 공통형인 500이 연결된다.

6진 디코더 회로

① 비안정 M/V의 출력이 발생되고, IC 7400의 U2A의 상태가 'H(1)'상태일 때 발생된 펄스가 반전되어 IC 74192의 CLKD(4번 pin)에 가해져 카운트를 시작한다.

② 비안정 M/V의 출력이 'L(0)'상태일 때 7400의 U2A의 상태가 'L(0)'상태일 때 발생된 펄스가 반전되어 IC 74192의 CLKD에 가해져 카운트를 중단하게 된다.

③ RESET SW를 누르면 CLR(14번 pin)이 'L(0)'상태가 되어 카운트가 리셋된다.

전원 회로

실리콘 다이오드(1N4002)의 순방향 바이어스 전압은 0.6~0.7 V이므로, 전원 전압(VCC)는 다음과 같다.

VCC=6-0.7≒5.3 V

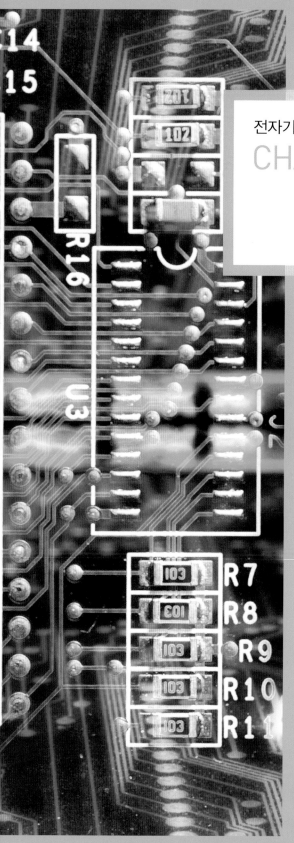

전자기기
기능사
측정 과제

전자기기 기능사 측정 과제

자격 종목	전자기기 기능사	과제명	측정(지필)
번호		감독교사 서명	(인)

※ 답안 작성 시 반드시 흑색 또는 청색 필기구(연필 제외) 중 동일한 색의 필기구만을 계속 사용하여야 하며, 기타의 필기구를 사용한 답안은 0점 처리 됩니다.

○ 3과제(측정) : 20분(준비 및 조정 시간 포함)

1 요구 사항(주파수 및 전압 측정)

① 오실로스코프를 정상 동작하도록 조정합니다. 오실로스코프 조정 시간은 실 측정 제한 시간(14분)에서 제외합니다.

② 오실로스코프를 사용하여 감독위원이 임의로 정한 파형 형태, 주파수, 전압 등을 지시에 따라 함수 발생기의 출력을 조정하고, 오실로스코프의 Measurement 기능을 이용하여 Pk-Pk(Peak to Peak), Max, Min, Amplitude, High, Low, RMS, Mean, 주파수 등의 파라미터를 감독위원의 지시에 따라 2가지 설정하여 그 결과값을 답안지에 기록하도록 합니다. (감독위원의 지시에 따라 측정하고 완료 후 확인 검사를 받습니다.)

③ 실 측정 제한 시간은 답안지 기록 시간을 포함하여 14분입니다.

※ 오실로스코프 장비 여건이 아날로그인 경우 Measurement 기능이 없는 경우에는 Max, Min 등 확인 가능한 파라미터를 임의 설정하여 기록하도록 합니다.

[측정] TP(Test Point)1을 측정하여 기록하시오.

Volt/Div :   [   ]

Time/Div :   [   ]

1. [   ]

Measurement :   [   ]

파라미터

2. [   ]

Measurement :   [   ]

파라미터

• 오실로스코프의 파형과 답안지 기록 내용이 일치함을 확인하였음

1. 측정 연습 문항지

번호 : _____

<table>
<tr>
<td>오실로스코프를 사용하여 저주파 발진기의 출력이 <u>정현파</u>, 주파수가 4[kHz], 전압이 6[V_{p-p}]가 되도록 조정하고 오실로스코프 상에 나타나는 파형을 아래의 답안지에 그리시오.</td>
<td>Volt/Div : _____ [V]
Time/Div : _____ [μS]</td>
</tr>
<tr>
<td></td>
<td>1. [RMS]

Measurement : _____ [V]

파라미터

2. [Amplitude]

Measurement : _____ [V]

파라미터

3. [주기]

Measurement : _____ [μS]

파라미터</td>
</tr>
</table>

<table>
<tr>
<td>오실로스코프를 사용하여 저주파 발진기의 출력이 <u>구형파</u>, 주파수가 2[kHz], 전압이 5[V_{p-p}]가 되도록 조정하고 오실로스코프 상에 나타나는 파형을 아래의 답안지에 그리시오.</td>
<td>Volt/Div : _____ [V]
Time/Div : _____ [μS]</td>
</tr>
<tr>
<td></td>
<td>1. [주파수]

Measurement : _____ [kHz]

파라미터

2. [Amplitude]

Measurement : _____ [V]

파라미터

3. [평균값]

Measurement : _____ [V]

파라미터</td>
</tr>
</table>

※ • 측정 과정을 잘 숙지하시기 바랍니다.
　 • 단위를 정확하게 기재하시오.
　 • 파형을 정확하게 3개 이상의 점을 찍어 작도하시오.
　 • 최종적으로는 반드시 흑색 볼펜을 사용하여 작도하시오.

1. 측정 답안지

| 오실로스코프를 사용하여 저주파 발진기의 출력이 <u>정현파</u>, 주파수가 4[kHz], 전압이 6[V_{P-P}]가 되도록 조정하고 오실로스코프 상에 나타나는 파형을 아래의 답안지에 그리시오. | Volt/Div : ___1___ [V]
Time/Div : ___50___ [μS] |

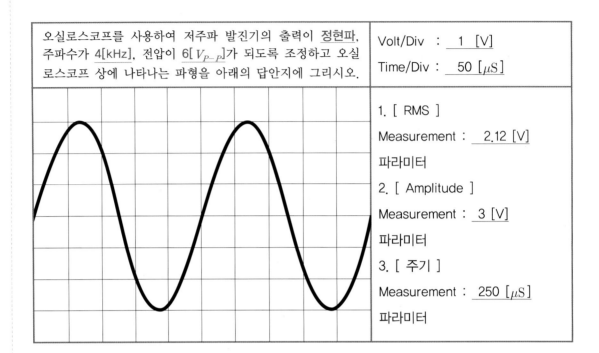

1. [RMS]

Measurement : ___2.12___ [V]

파라미터

2. [Amplitude]

Measurement : ___3___ [V]

파라미터

3. [주기]

Measurement : ___250___ [μS]

파라미터

| 오실로스코프를 사용하여 저주파 발진기의 출력이 <u>구형파</u>, 주파수가 2[kHz], 전압이 5[V_{P-P}]가 되도록 조정하고 오실로스코프 상에 나타나는 파형을 아래의 답안지에 그리시오. | Volt/Div : ___1___ [V]
Time/Div : 100 [μS] |

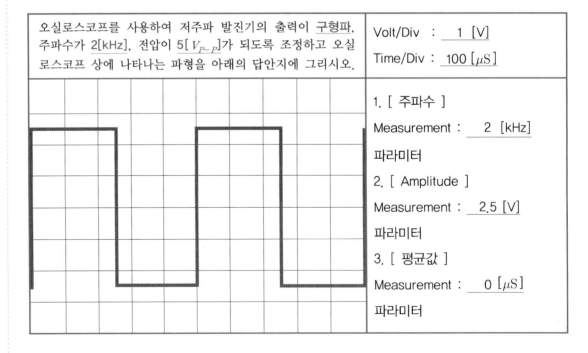

1. [주파수]

Measurement : ___2___ [kHz]

파라미터

2. [Amplitude]

Measurement : ___2.5___ [V]

파라미터

3. [평균값]

Measurement : ___0___ [μS]

파라미터

2. 측정 연습 문항지

번호 : _____

오실로스코프를 사용하여 저주파 발진기의 출력이 <u>정현파</u>, 주파수가 <u>2[kHz]</u>, 전압이 <u>4[V_{P-P}]</u>가 되도록 조정하고 오실로스코프 상에 나타나는 파형을 아래의 답안지에 그리시오.	Volt/Div : _____ [V] Time/Div : _____ [μS]
	1. [RMS] Measurement : _____ [V] 파라미터 2. [Amplitude] Measurement : _____ [V] 파라미터 3. [첨두값] Measurement : _____ [V_{P-P}] 파라미터

오실로스코프를 사용하여 저주파 발진기의 출력이 <u>삼각파</u>, 주파수가 <u>4[kHz]</u>, 전압이 <u>3[V_{P-P}]</u>가 되도록 조정하고 오실로스코프 상에 나타나는 파형을 아래의 답안지에 그리시오.	Volt/Div : _____ [V] Time/Div : _____ [μS]
	1. [주기] Measurement : _____ [μS] 파라미터 2. [Amplitude] Measurement : _____ [V] 파라미터 3. [평균값] Measurement : _____ [V] 파라미터

※ •측정 과정을 잘 숙지하시기 바랍니다.
 •단위를 정확하게 기재하시오.
 •파형을 정확하게 3개 이상의 점을 찍어 작도하시오.
 •최종적으로는 반드시 흑색 볼펜을 사용하여 작도하시오.

2. 측정 답안지

오실로스코프를 사용하여 저주파 발진기의 출력이 <u>정현파</u>, 주파수가 2[kHz], 전압이 <u>4[V_{P-P}]</u>가 되도록 조정하고 오실로스코프 상에 나타나는 파형을 아래의 답안지에 그리시오.	Volt/Div : 1 [V] Time/Div : 100 [μS]
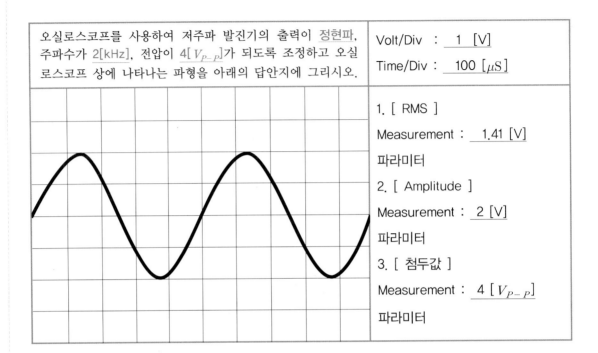	1. [RMS] Measurement : 1.41 [V] 파라미터 2. [Amplitude] Measurement : 2 [V] 파라미터 3. [첨두값] Measurement : 4 [V_{P-P}] 파라미터

오실로스코프를 사용하여 저주파 발진기의 출력이 <u>삼각파</u>, 주파수가 4[kHz], 전압이 <u>3[V_{P-P}]</u>가 되도록 조정하고 오실로스코프 상에 나타나는 파형을 아래의 답안지에 그리시오.	Volt/Div : 1 [V] Time/Div : 50 [μS]
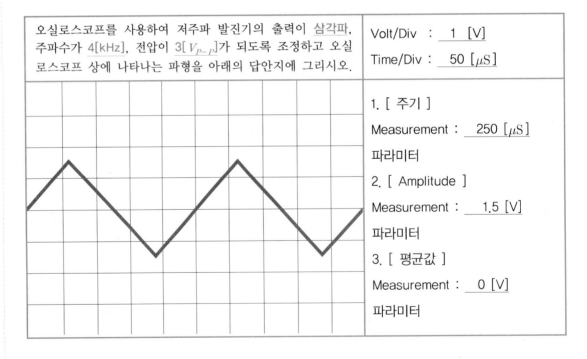	1. [주기] Measurement : 250 [μS] 파라미터 2. [Amplitude] Measurement : 1.5 [V] 파라미터 3. [평균값] Measurement : 0 [V] 파라미터

3. 측정 연습 문항지

번호 : _____

오실로스코프를 사용하여 저주파 발진기의 출력이 <u>정현파</u>, 주파수가 <u>1[kHz]</u>, **전압이 5[V_{P-P}]가 되도록 조정하고 오실로스코프 상에** 나타나는 파형을 아래의 답안지에 그리시오.	Volt/Div : _____ [V] Time/Div : _____ [μS]
	1. [RMS] Measurement : _____ [V] 파라미터 2. [Amplitude] Measurement : _____ [V] 파라미터 3. [평균값] Measurement : _____ [V] 파라미터

오실로스코프를 사용하여 저주파 발진기의 출력이 <u>구형파</u>, 주파수가 <u>2[kHz]</u>, 전압이 <u>4[V_{P-P}]</u>가 되도록 조정하고 오실로스코프 상에 나타나는 파형을 아래의 답안지에 그리시오.	Volt/Div : _____ [V] Time/Div : _____ [μS]
	1. [첨두값] Measurement : _____ [V_{P-P}] 파라미터 2. [Amplitude] Measurement : _____ [V] 파라미터 3. [주기] Measurement : _____ [μS] 파라미터

※ • 측정 과정을 잘 숙지하시기 바랍니다.
　• 단위를 정확하게 기재하시오.
　• 파형을 정확하게 3개 이상의 점을 찍어 작도하시오.
　• 최종적으로는 반드시 흑색 볼펜을 사용하여 작도하시오.

3. 측정 답안지

오실로스코프를 사용하여 저주파 발진기의 출력이 <u>정현파</u>, 주파수가 <u>1[kHz]</u>, 전압이 5[V_{P-P}]가 되도록 조정하고 오실로스코프 상에 나타나는 파형을 아래의 답안지에 그리시오.	Volt/Div : <u>1</u> [V] Time/Div : <u>200</u> [μS]
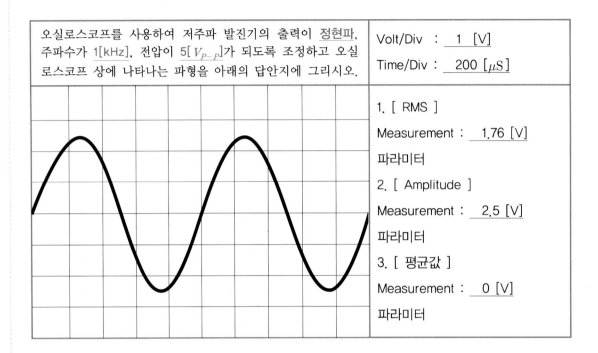	1. [RMS] Measurement : <u>1.76</u> [V] 파라미터 2. [Amplitude] Measurement : <u>2.5</u> [V] 파라미터 3. [평균값] Measurement : <u>0</u> [V] 파라미터

오실로스코프를 사용하여 저주파 발진기의 출력이 <u>구형파</u>, 주파수가 <u>2[kHz]</u>, 전압이 4[V_{P-P}]가 되도록 조정하고 실로스코프 상에 나타나는 파형을 아래의 답안지에 그리시오.	Volt/Div : <u>1</u> [V] Time/Div : <u>100</u> [μS]
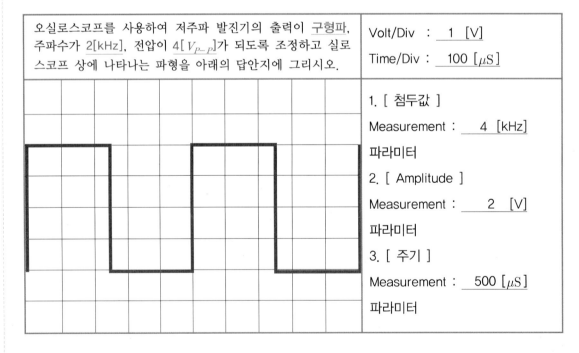	1. [첨두값] Measurement : <u>4</u> [kHz] 파라미터 2. [Amplitude] Measurement : <u>2</u> [V] 파라미터 3. [주기] Measurement : <u>500</u> [μS] 파라미터

측정 연습 문항지(연습용)

번호 : _____

오실로스코프를 사용하여 저주파 발진기의 출력이 _____, 주파수가 _____, 전압이 ____가 되도록 조정하고 오실로스코프 상에 나타나는 파형을 아래의 답안지에 그리시오.	Volt/Div : ____ [V] Time/Div : ____ [μS]
	1. [RMS] Measurement : _____ [V] 파라미터 2. [Amplitude] Measurement : _____ [V] 파라미터 3. [주기] Measurement : _____ [μS] 파라미터

오실로스코프를 사용하여 저주파 발진기의 출력이 ____, 주파수가 ____, 전압이 ____가 되도록 조정하고 오실로스코프 상에 나타나는 파형을 아래의 답안지에 그리시오.	Volt/Div : ____ [V] Time/Div : ____ [μS]
	1. [주파수] Measurement : _____ [kHz] 파라미터 2. [Amplitude] Measurement : _____ [V] 파라미터 3. [평균값] Measurement : _____ [V] 파라미터

※ •측정 과정을 잘 숙지하시기 바랍니다.
  •단위를 정확하게 기재하시오.
  •파형을 정확하게 3개 이상의 점을 찍어 작도하시오.
  •최종적으로는 반드시 흑색 볼펜을 사용하여 작도하시오.

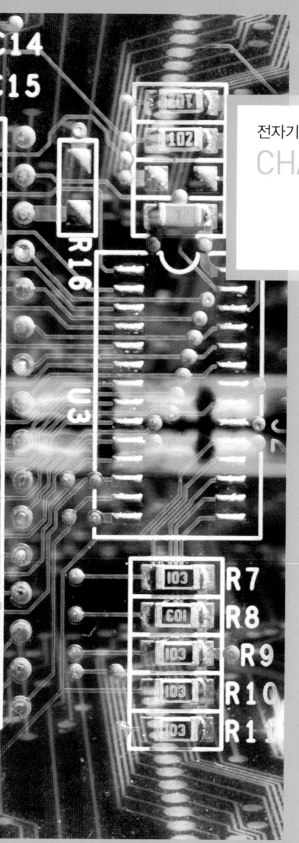

전자기기 기능사 실기 / 실습

CHAPTER

05

전자기기
기능사
회로 스케치

>>> 전자기기 기능사 회로 스케치

1	자격종목	**전자기기 기능사**	과제명	**회로 스케치(1과제)**

• 1과제 안내

※ 시험시간 : 1시간

1 요구사항

① 주어진 도면을 보고 부품기호 및 심벌을 참조하여 회로 스케치 답안지에 회로 스케치를 완성하시오.

② 자를 사용하여 최대한 직선으로 표시하고 부품번호를 기입합니다.

③ 패턴도는 동박면, 부품도는 부품면에서 본 레이아웃(Layout)입니다.

2 수험자 유의사항

① 답안은 흑색 또는 청색 필기구(연필 제외) 중 동일한 색의 필기류만을 계속 사용하여야 하며, 기타의 필기류를 사용한 경우에는 0점 처리됩니다.

② 각 문제의 답안이 완전한 경우만 정답으로 인정되며 부품번호, 연결, 접지(GND), 교차점(✦) 등 일부가 누락된 경우에는 정답으로 인정하지 않습니다.

③ 회로 스케치 점수가 0점인 경우에 대해서는 채점 대상에서 제외하니 특히 유의하시기 바랍니다.

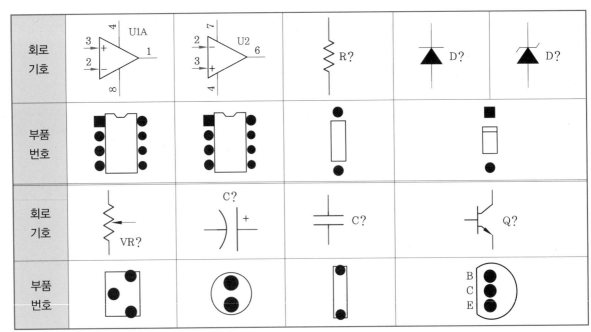

1	자격종목	전자기기 기능사	과제명	회로 스케치(1과제)

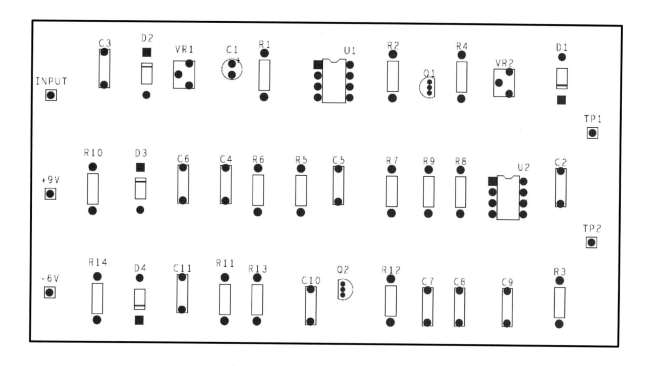

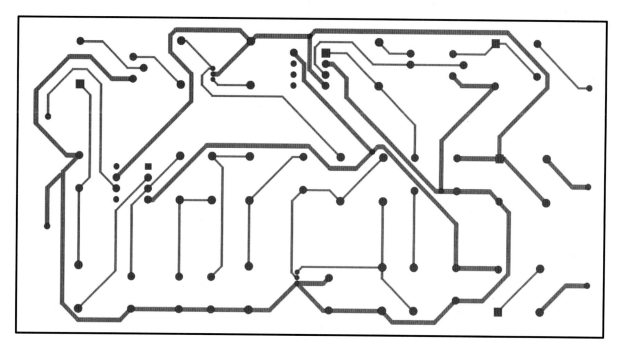

1	자격종목	전자기기 기능사	과제명	회로 스케치 답안지

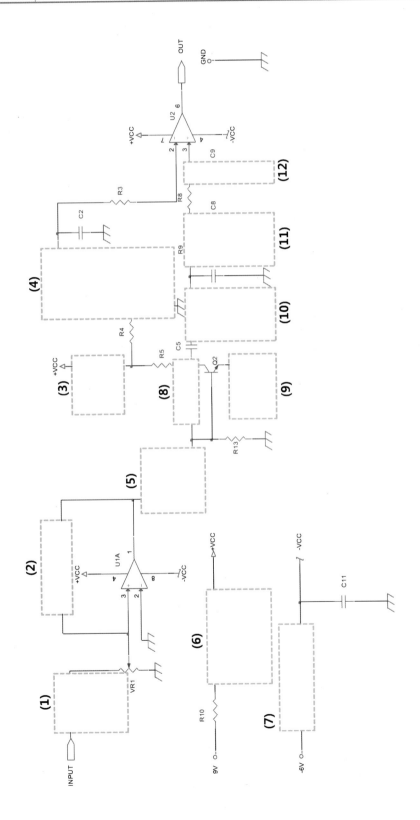

1	자격종목	전자기기 기능사	과제명	회로 스케치 모범답안

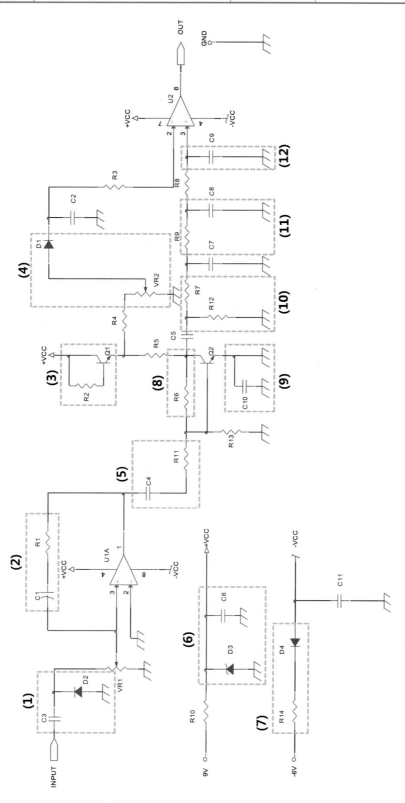

2	자격종목	**전자기기 기능사**	과제명	**회로 스케치(1과제)**

• 1과제 안내

※ 시험시간 : 1시간

1 요구사항

① 주어진 도면을 보고 부품기호 및 심벌을 참조하여 회로 스케치 답안지에 회로 스케치를 완성하시오.

② 자를 사용하여 최대한 직선으로 표시하고 부품번호를 기입합니다.

③ 패턴도는 동박면, 부품도는 부품면에서 본 레이아웃(Layout)입니다.

2 수험자 유의사항

① 답안은 흑색 또는 청색 필기구(연필 제외) 중 동일한 색의 필기류만을 계속 사용하여야 하며, 기타의 필기류를 사용한 경우에는 0점 처리됩니다.

② 각 문제의 답안이 완전한 경우만 정답으로 인정되며 부품번호, 연결, 접지(GND), 교차점(✛) 등 일부가 누락된 경우에는 정답으로 인정하지 않습니다.

③ 회로 스케치 점수가 0점인 경우에 대해서는 채점 대상에서 제외하니 특히 유의하시기 바랍니다.

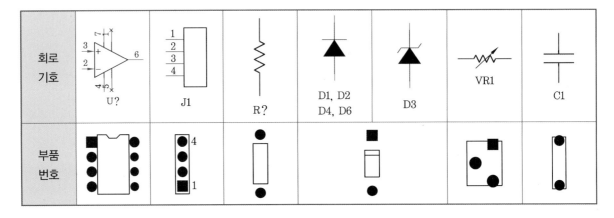

회로 기호	U?	J1	R?	D1, D2 D4, D6	D3	VR1	C1
부품 번호							

2	자격종목	전자기기 기능사	과제명	회로 스케치(1과제)

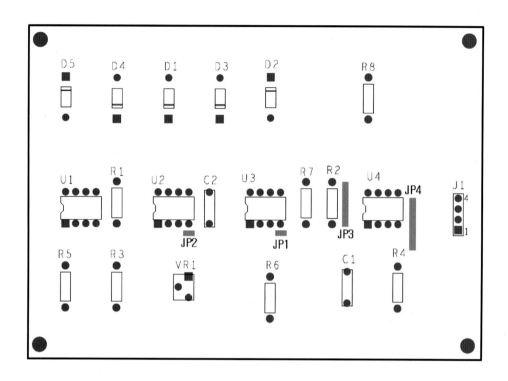

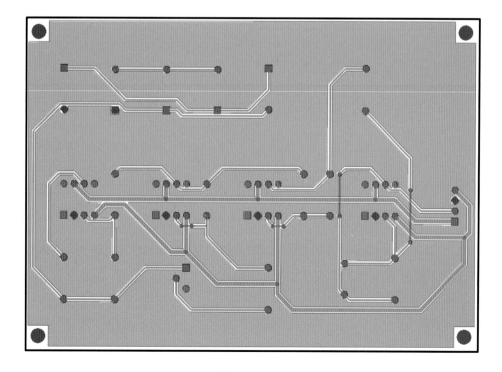

2	자격종목	전자기기 기능사	과제명	회로 스케치 답안지

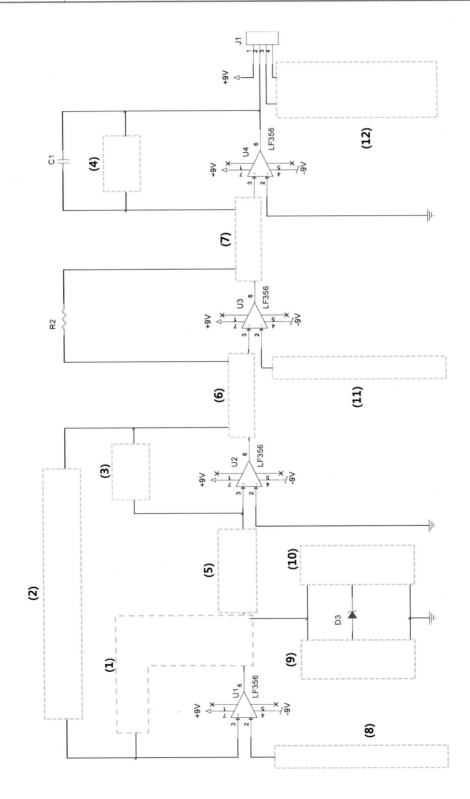

| 2 | 자격종목 | 전자기기 기능사 | 과제명 | 회로 스케치 모범답안 |

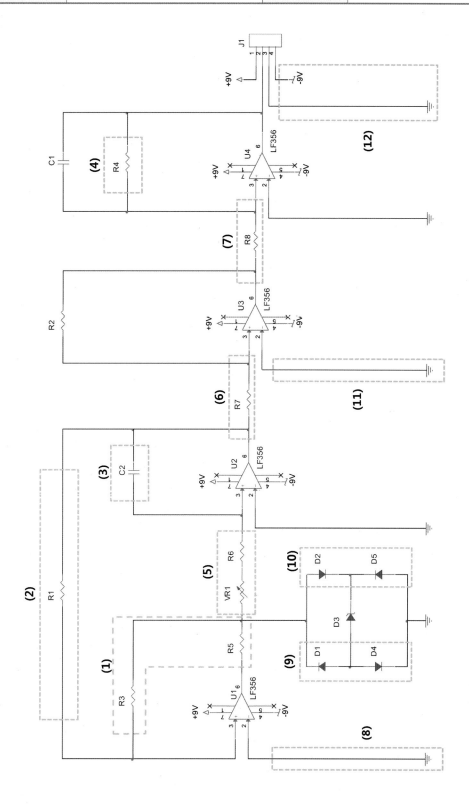

3	자격종목	**전자기기 기능사**	과제명	**회로 스케치(1과제)**

●**1과제 안내**

※ **시험시간 : 1시간**

1 요구사항

① 주어진 도면을 보고 부품기호 및 심벌을 참조하여 회로 스케치 답안지에 회로 스케치를 완성하시오.

② 자를 사용하여 최대한 직선으로 표시하고 부품번호를 기입합니다.

③ 패턴도는 동박면, 부품도는 부품면에서 본 레이아웃(Layout)입니다.

2 수험자 유의사항

① 답안은 흑색 또는 청색 필기구(연필 제외) 중 동일한 색의 필기류만을 계속 사용하여야 하며, 기타의 필기류를 사용한 경우에는 0점 처리됩니다.

② 각 문제의 답안이 완전한 경우만 정답으로 인정되며 부품번호, 연결, 접지(GND), 교차점(✦) 등 일부가 누락된 경우에는 정답으로 인정하지 않습니다.

③ 회로 스케치 점수가 0점인 경우에 대해서는 채점 대상에서 제외하니 특히 유의하시기 바랍니다.

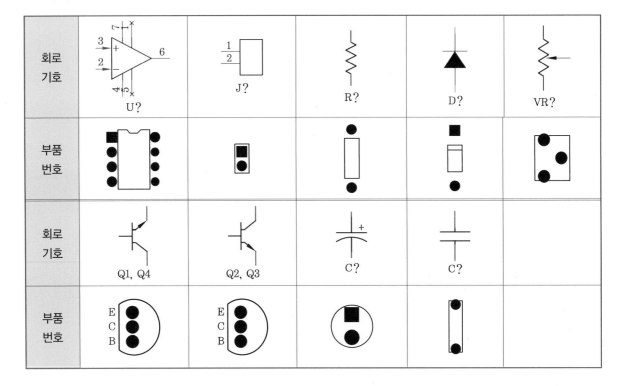

3	자격종목	전자기기 기능사	과제명	회로 스케치(1과제)

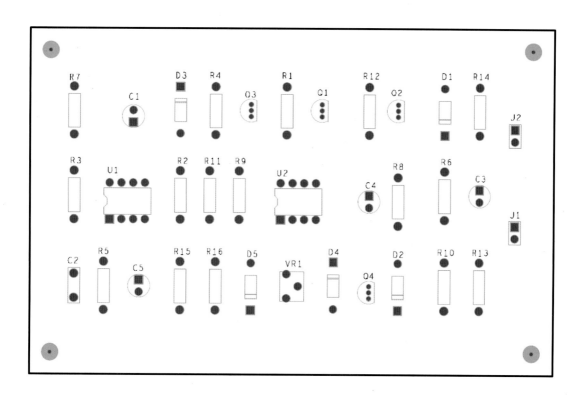

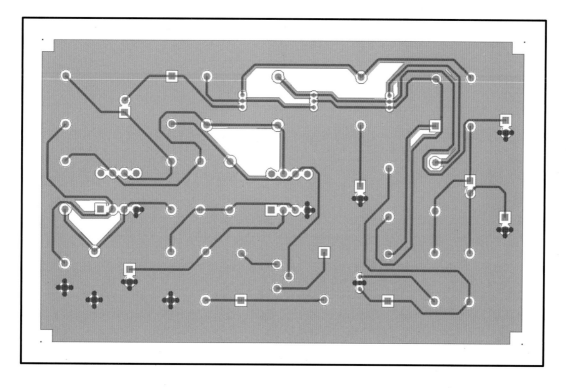

3	자격종목	전자기기 기능사	과제명	회로 스케치 답안지

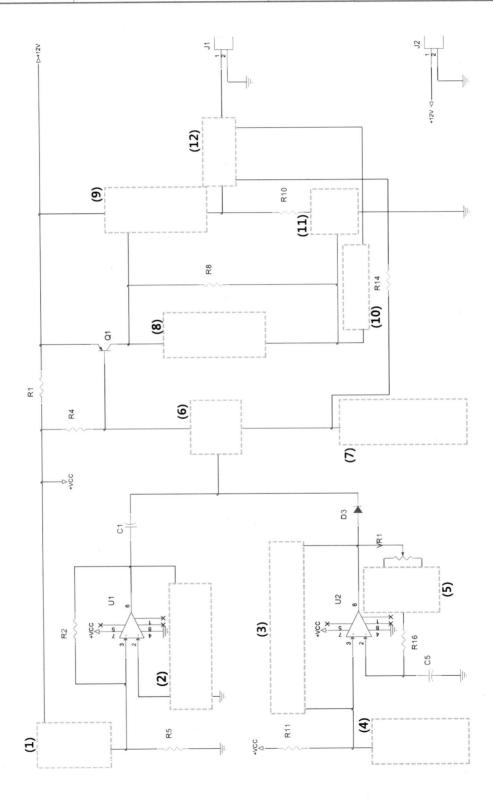

3	자격종목	전자기기 기능사	과제명	회로 스케치 모범답안

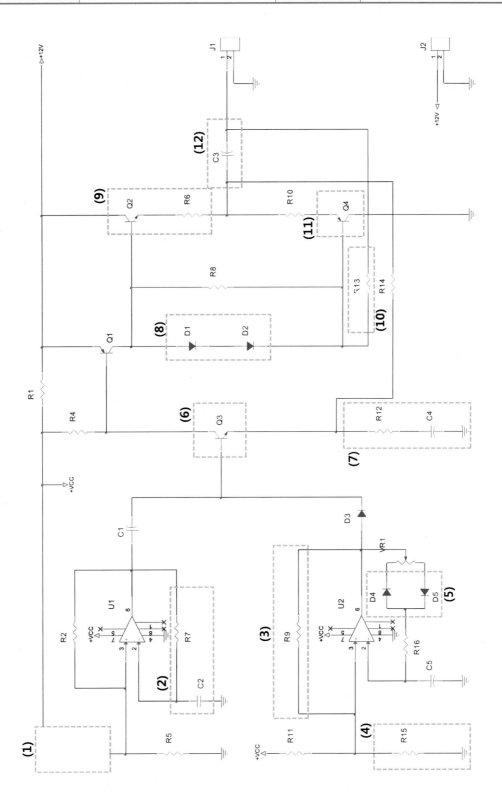

4	자격종목	**전자기기 기능사**	과제명	**회로 스케치(1과제)**

● 1과제 안내

※ 시험시간 : 1시간

1 요구사항

① 주어진 도면을 보고 부품기호 및 심벌을 참조하여 회로 스케치 답안지에 회로 스케치를 완성하시오.

② 자를 사용하여 최대한 직선으로 표시하고 부품번호를 기입합니다.

③ 패턴도는 동박면, 부품도는 부품면에서 본 레이아웃(Layout)입니다.

2 수험자 유의사항

① 답안은 흑색 또는 청색 필기구(연필 제외) 중 동일한 색의 필기류만을 계속 사용하여야 하며, 기타의 필기류를 사용한 경우에는 0점 처리됩니다.

② 각 문제의 답안이 완전한 경우만 정답으로 인정되며 부품번호, 연결, 접지(GND), 교차점(✦) 등 일부가 누락된 경우에는 정답으로 인정하지 않습니다.

③ 회로 스케치 점수가 0점인 경우에 대해서는 채점 대상에서 제외하니 특히 유의하시기 바랍니다.

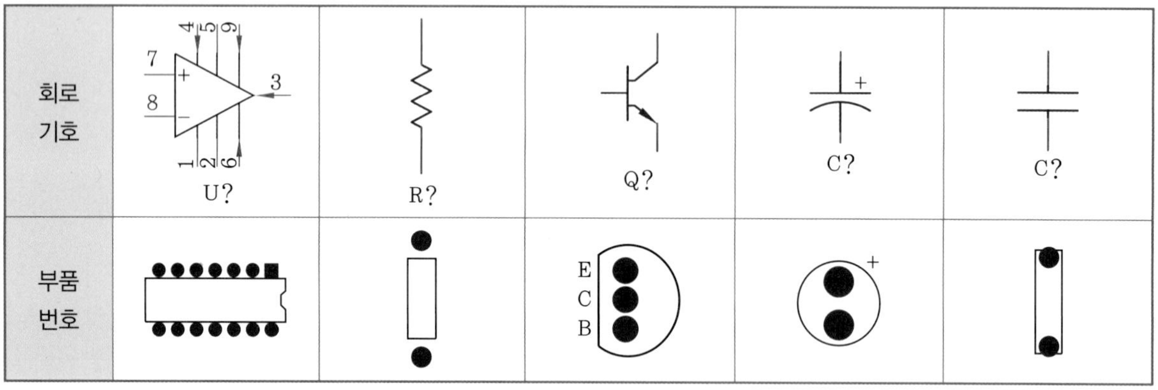

회로 기호	(연산증폭기 U?)	(저항 R?)	(트랜지스터 Q?)	(극성 커패시터 C?)	(커패시터 C?)
부품 번호	(IC 패턴)	(저항 패턴)	(E C B 패턴)	(극성 커패시터 패턴)	(커패시터 패턴)

4	자격종목	전자기기 기능사	과제명	회로 스케치(1과제)

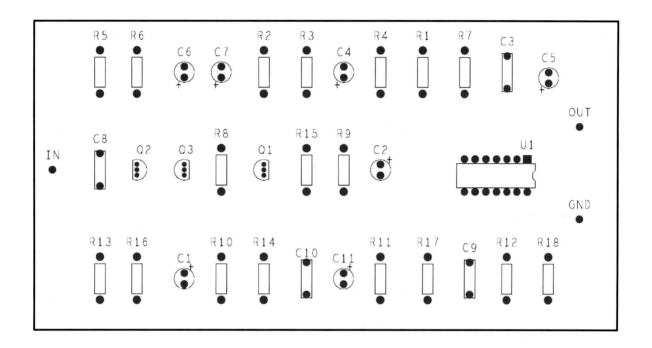

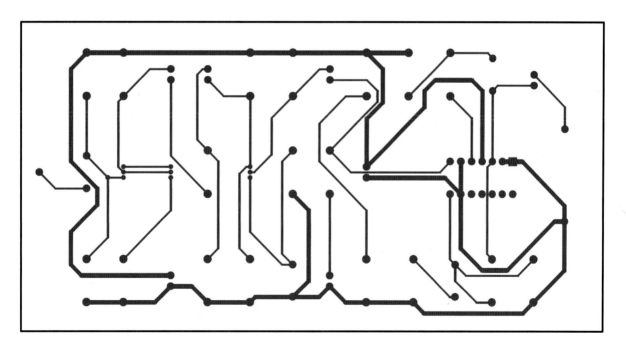

| 4 | 자격종목 | 전자기기 기능사 | 과제명 | 회로 스케치 답안지 |

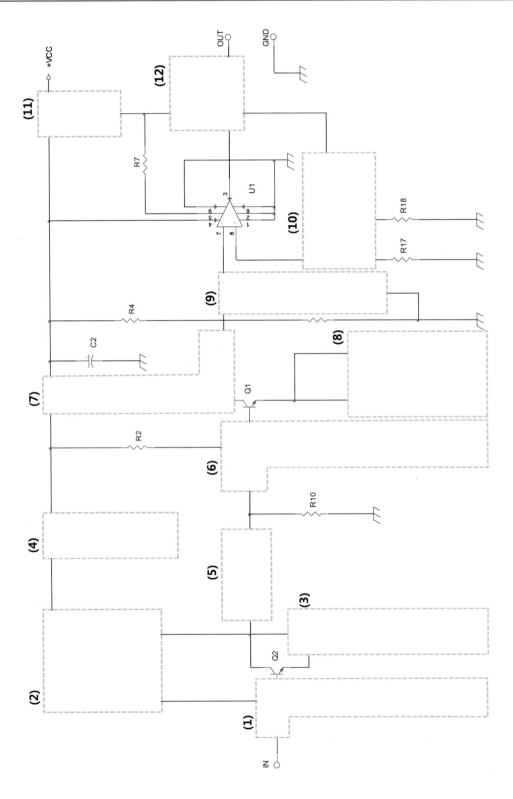

| 4 | 자격종목 | 전자기기 기능사 | 과제명 | 회로 스케치 모범답안 |

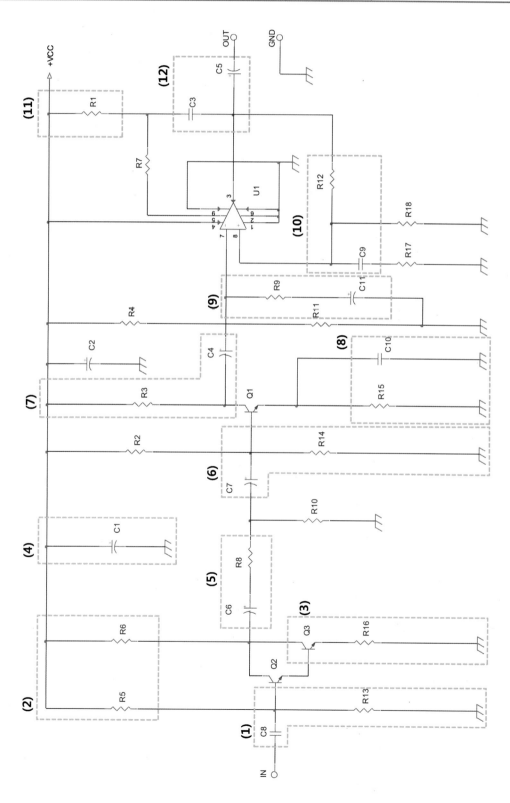

5	자격종목	전자기기 기능사	과제명	회로 스케치(1과제)

●1과제 안내

※ 시험시간 : 1시간

1 요구사항

① 주어진 도면을 보고 부품기호 및 심벌을 참조하여 회로 스케치 답안지에 회로 스케치를 완성하시오.

② 자를 사용하여 최대한 직선으로 표시하고 부품번호를 기입합니다.

③ 패턴도는 동박면, 부품도는 부품면에서 본 레이아웃(Layout)입니다.

2 수험자 유의사항

① 답안은 흑색 또는 청색 필기구(연필 제외) 중 동일한 색의 필기류만을 계속 사용하여야 하며, 기타의 필기류를 사용한 경우에는 0점 처리됩니다.

② 각 문제의 답안이 완전한 경우만 정답으로 인정되며 부품번호, 연결, 접지(GND), 교차점(✛) 등 일부가 누락된 경우에는 정답으로 인정하지 않습니다.

③ 회로 스케치 점수가 0점인 경우에 대해서는 채점 대상에서 제외하니 특히 유의하시기 바랍니다.

회로 기호	U1A	J?	R?	D?	D?	U2 VIN GND VOUT LM7805	Q?	C?
부품 번호						3 1	B C E	

| 5 | 자격종목 | 전자기기 기능사 | 과제명 | 회로 스케치(1과제) |

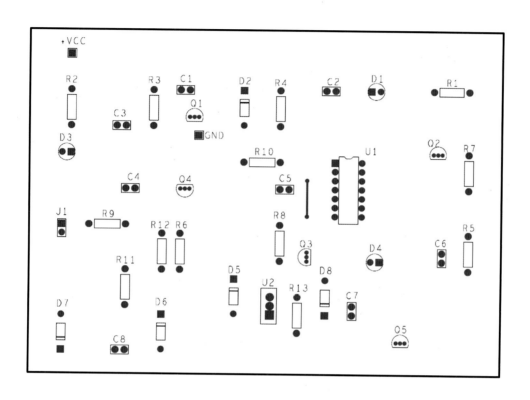

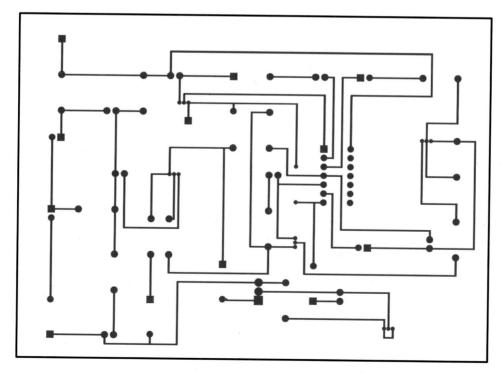

5	자격종목	전자기기 기능사	과제명	회로 스케치 답안지

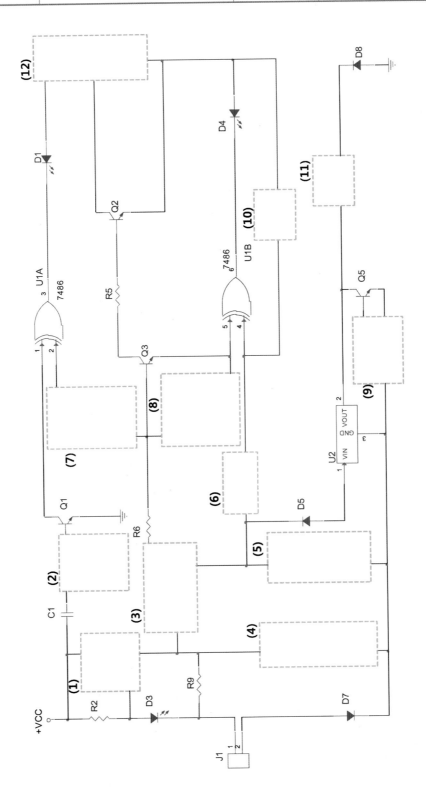

| **5** | 자격종목 | 전자기기 기능사 | 과제명 | 회로 스케치 모범답안 |

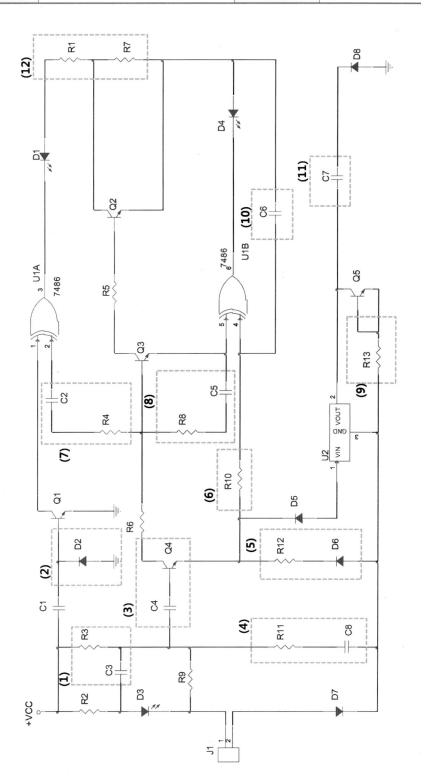

6	자격종목	전자기기 기능사	과제명	회로 스케치(1과제)

• 1과제 안내

※ 시험시간 : 1시간

1 요구사항

① 주어진 도면을 보고 부품기호 및 심벌을 참조하여 회로 스케치 답안지에 회로 스케치를 완성하시오.

② 자를 사용하여 최대한 직선으로 표시하고 부품번호를 기입합니다.

③ 패턴도는 동박면, 부품도는 부품면에서 본 레이아웃(Layout)입니다.

2 수험자 유의사항

① 답안은 흑색 또는 청색 필기구(연필 제외) 중 동일한 색의 필기류만을 계속 사용하여야 하며, 기타의 필기류를 사용한 경우에는 0점 처리됩니다.

② 각 문제의 답안이 완전한 경우만 정답으로 인정되며 부품번호, 연결, 접지(GND), 교차점(✦) 등 일부가 누락된 경우에는 정답으로 인정하지 않습니다.

③ 회로 스케치 점수가 0점인 경우에 대해서는 채점 대상에서 제외하니 특히 유의하시기 바랍니다.

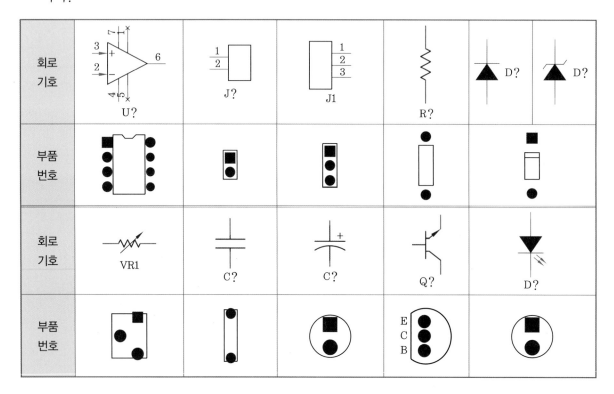

6	자격종목	전자기기 기능사	과제명	회로 스케치(1과제)

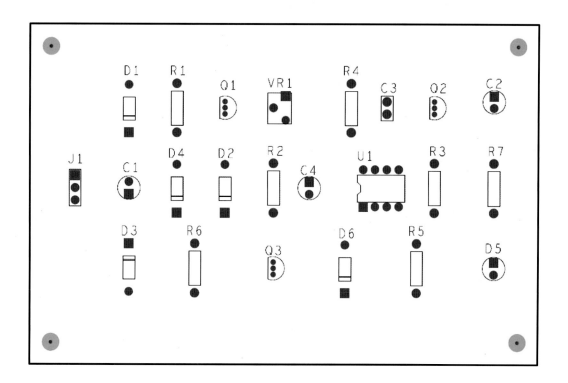

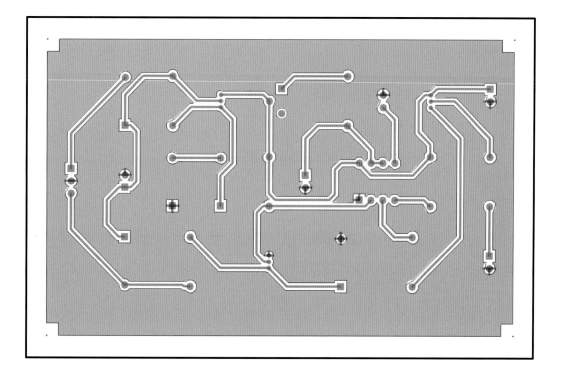

6	자격종목	전자기기 기능사	과제명	회로 스케치 답안지

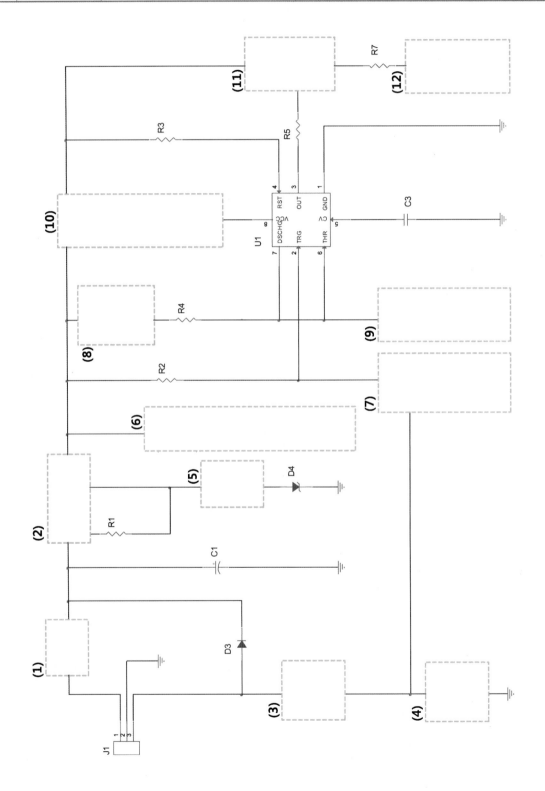

6	자격종목	전자기기 기능사	과제명	회로 스케치 모범답안

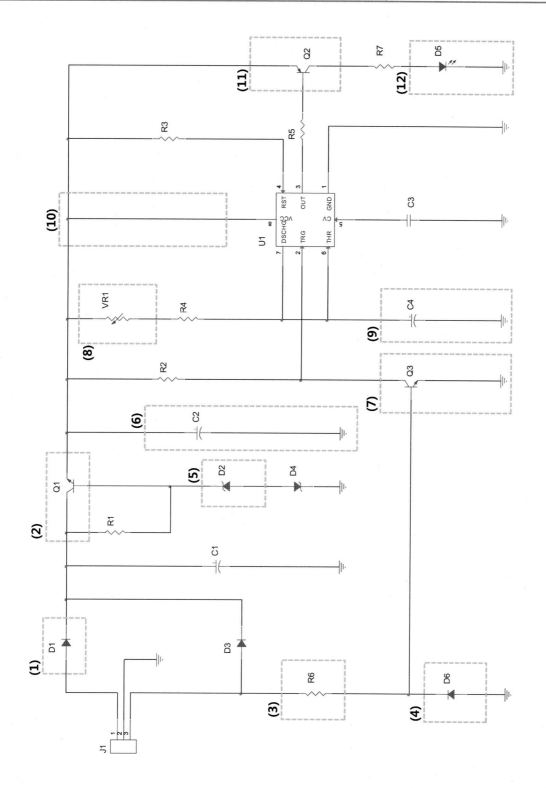

| 7 | 자격종목 | 전자기기 기능사 | 과제명 | 회로 스케치(1과제) |

• 1과제 안내

※ 시험시간 : 1시간

1 요구사항

① 주어진 도면을 보고 부품기호 및 심벌을 참조하여 회로 스케치 답안지에 회로 스케치를 완성하시오.

② 자를 사용하여 최대한 직선으로 표시하고 부품번호를 기입합니다.

③ 패턴도는 동박면, 부품도는 부품면에서 본 레이아웃(Layout)입니다.

2 수험자 유의사항

① 답안은 흑색 또는 청색 필기구(연필 제외) 중 동일한 색의 필기류만을 계속 사용하여야 하며, 기타의 필기류를 사용한 경우에는 0점 처리됩니다.

② 각 문제의 답안이 완전한 경우만 정답으로 인정되며 부품번호, 연결, 접지(GND), 교차점(◆) 등 일부가 누락된 경우에는 정답으로 인정하지 않습니다.

③ 회로 스케치 점수가 0점인 경우에 대해서는 채점 대상에서 제외하니 특히 유의하시기 바랍니다.

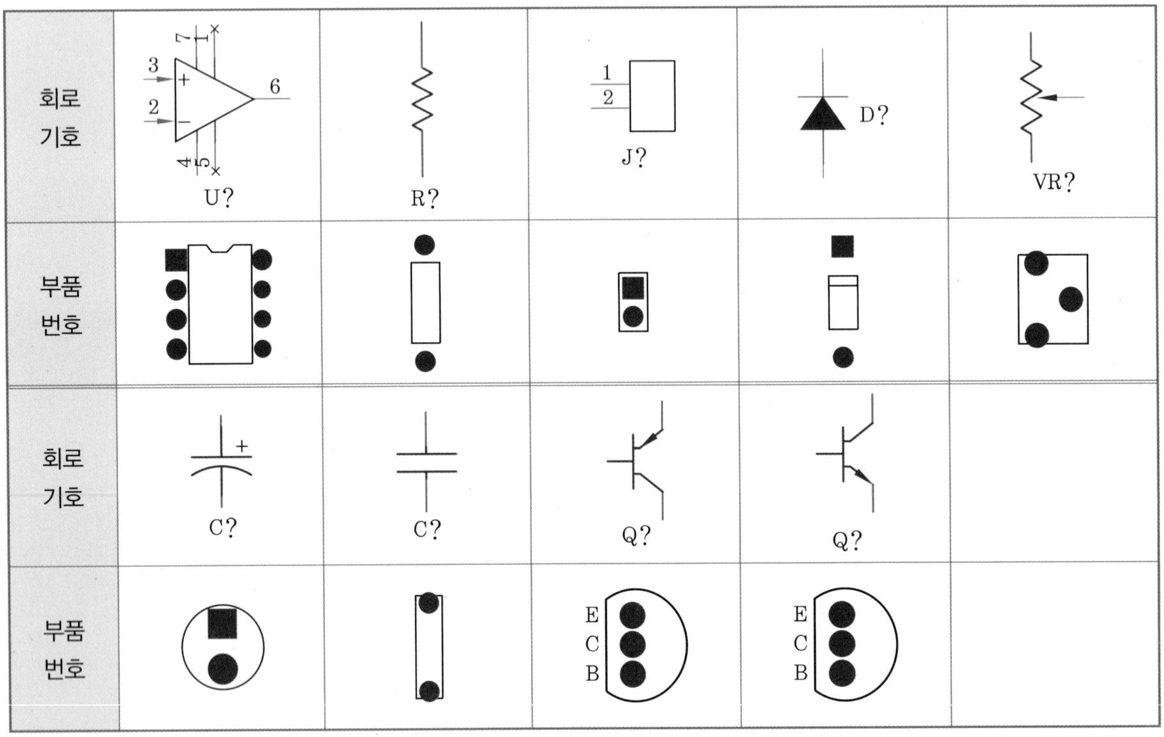

회로 기호	U?	R?	J?	D?	VR?
부품 번호					
회로 기호	C?	C?	Q?	Q?	
부품 번호					

7	자격종목	전자기기 기능사	과제명	회로 스케치(1과제)

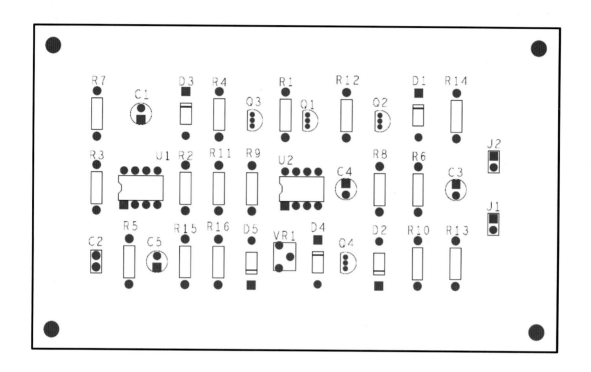

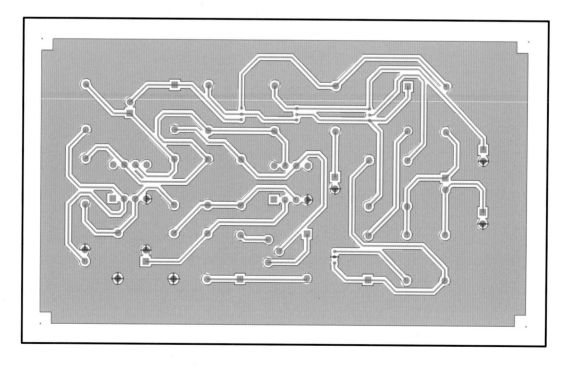

7	자격종목	전자기기 기능사	과제명	회로 스케치 답안지

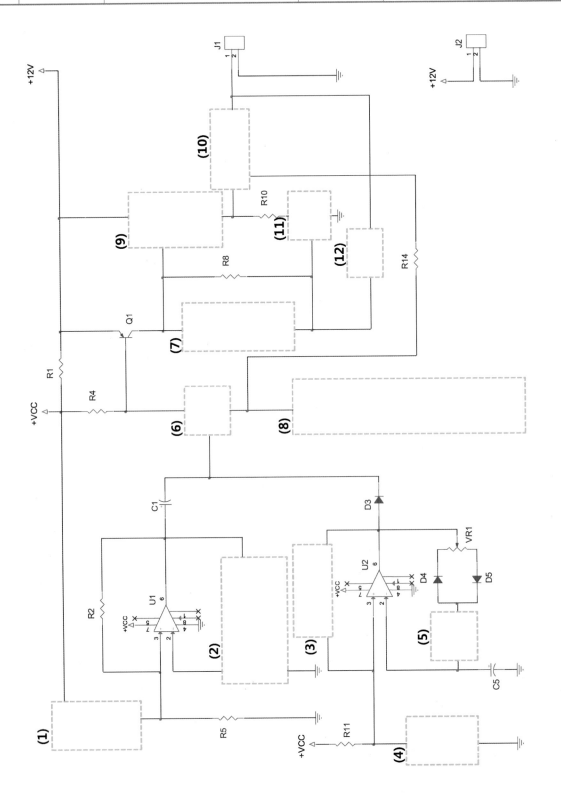

7	자격종목	전자기기 기능사	과제명	회로 스케치 모범답안

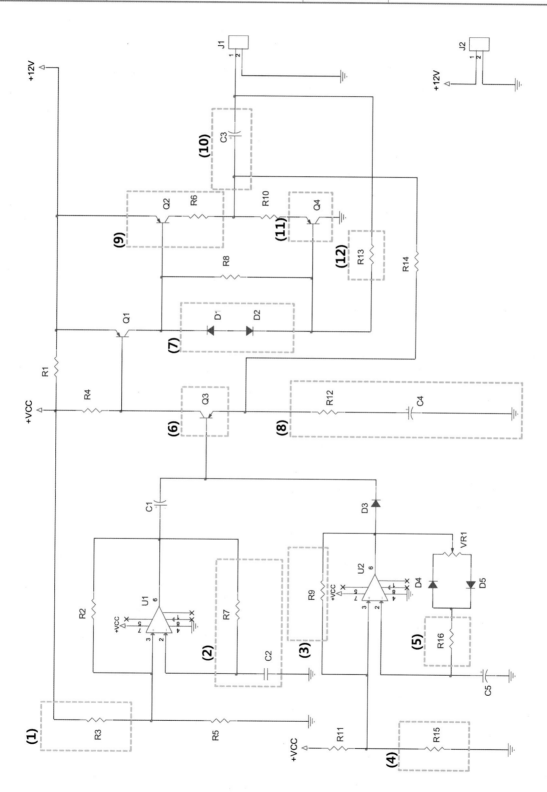

전자기기 기능사 실기

2017년 3월 15일 1판 1쇄
2019년 4월 15일 2판 1쇄
(완전개정)

저자 : 우상득 · 안재형 · 김충식
펴낸이 : 이정일

펴낸곳 : 도서출판 **일진사**
www.iljinsa.com
04317 서울시 용산구 효창원로 64길 6
대표전화 : 704-1616, 팩스 : 715-3536
등록번호 : 제1979-000009호(1979.4.2)

값 22,000원

ISBN : 978-89-429-1580-4